纺织服装高等教育"十三五"部委级规划教材

国际时装设计经典系列丛书

国际针织
服装设计

(英)卡罗尔·布朗　著

张　鹏　陈晓光　译

东华大学出版社

·上海·

图书在版编目（CIP）数据

国际针织服装设计/(英)卡罗尔·布朗著;张鹏,陈晓光译.--上海：东华大学出版社，2019.3

ISBN 978-7-5669-1530-6

Ⅰ.①国… Ⅱ.①卡… ②张… ③陈… Ⅲ.①针织物－服装设计 Ⅳ.①TS186.3

中国版本图书馆CIP数据核字(2018)第298855号

本书简体中文版由 Laurence King Publishing Ltd 授予东华大学出版社有限公司独家出版，任何人或者单位不得转载、复制，违者必究！

合同登记号：09-2016-257

责任编辑 谢 未
装帧设计 王 丽 鲁晓贝

国际针织服装设计
Guoji Zhenzhi Fuzhuang Sheji

著 者：（英）卡罗尔·布朗

译 者：张 鹏 陈晓光

出 版：东华大学出版社

（上海市延安西路1882号 邮政编码：200051）

出版社网址：dhupress.dhu.edu.cn

天猫旗舰店：http://dhdx.tmall.com

营销中心：021-62193056 62373056 62379558

印 刷：深圳市彩之欣印刷有限公司

开 本：889 mm × 1194 mm 1/16

印 张：12.5

字 数：440千字

版 次：2019年3月第1版

印 次：2019年3月第1次印刷

书 号：ISBN 978-7-5669-1530-6

定 价：79.00元

KNITWEAR DESIGN

CAROL BROWN

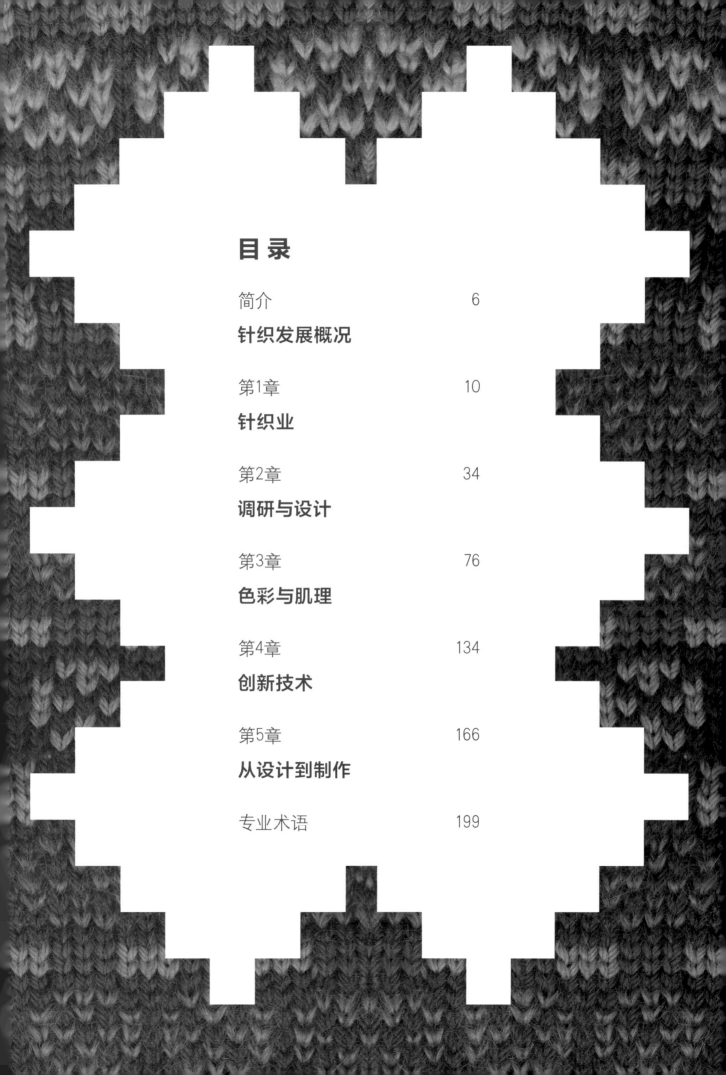

目 录

简介

针织发展概况

近年来，针织品又开始复苏并流行起来，而且制作方法越来越多样化。从创意国际时装秀到室内设计中的应用，如做成灯罩、靠垫、地毯、椅子和百叶窗等，这些都基于针织结构的多功能性。概念艺术家们也充分利用传统针织工艺来设计各种尺寸的装置作品，从大型的公共雕塑艺术，到微缩模型和可穿戴艺术，所有这些都挑战了我们对针织品的固有观念。

针织品变得越来越流行主要是得益于互联网的传播，以及那些非常受欢迎的虚拟社区中针织爱好者数量的增多，他们关注和订阅许多建设完善的流行网站、在线期刊和杂志。有许多互联网博客和图片博客者会定期展示针织品作品照片，提供链接到其他微博页面，并积极鼓动读者参与论坛讨论。

上图："妈妈给我这样打扮"，作者：凯伦·瑟尔；铜丝，手工编织；每条裙子长17.8cm。

下图：装置作品"紧密结合"，作者：拉尼亚·哈桑（Rania Hassan）。油画颜料、纤维、帆布、金属和木头。

上图：室内概念灯饰——具有良好柔韧度的针织"无光灯"，由Ilot Ilov公司采用强力丝光棉制作，该公司成立于2006年，位于柏林的克罗伊茨贝格。

左图："结构与功能"，作者：克莱尔-安·奥布莱恩（Clair-Ann O'Brien）由Rowan Wool公司委托制作。原创性的椅子设计，探索了针织技术在产品和室内设计中的创新应用。

下图："超酷针织"是荷兰设计师Bauke Knottnerus使用一系列巨大的绳索创作的雕刻般的编织室内设计产品。2011年在荷兰安特卫普的莫鲁时装博物馆展出。

2011年纤维艺术节，受德文郡海岸线的启发，由纺织品艺术家艾莉森·莫尔（Alison Murray）带领2000多名编织工完成的团体编织装置作品"波动之上下"。由艺术基金委员会提供赞助。

目前另一种趋势是人们对于将编织作为一种社区活动的兴趣日益浓厚。这些团体定期聚集在教堂、咖啡屋或在街上，他们坐在那里编织、聊天分享各自的想法并交换编织图案。有些团体聚在一起互相交流学习，开发创新的编织技巧，也有一些是以组织慈善事业和心里治疗为目的，或者为了"社会变革"而编织。编织激进主义的行为被称作"编织轰炸"或者"编织涂鸦"，并在全球范围内大行其道，那些激进派团体也通过创作编织艺术装置和"编织涂鸦"周围环境来表达他们对于保护社会环境以及其他一些社会和政治事件的关注。

这些群体通过编织协会、编织静修所和编织节等形式得到巩固，例如英国的拆、编联盟。编织节的特色在于举办有高度组织性的产品展览、现场演示和研讨会，并有机会在展览摊位上购买纱线、机器和编织商品。

迄今为止最大的团队项目是2005年丹尼尔·兰德斯（Danielle Landes）创立的一年一度全球编织公开日。第一年，在世界各地共组织了25场之多，之后引起了人们更大的兴趣和认可，到目前为止举办的活动已经超过了800场。这个活动促进了全球编织团体的相互交流，吸引了新一代的编织者。伴随着团体内部或团体之间对大型公共设施和艺术家与手工艺工人之间跨学科项目的开发，成就了许多编织协作项目。

21世纪编织业的复兴改变了我们对手工艺的看法。本书在时尚领域内通过探讨技术、传统和当代概念，对编织业进行深入的研究与探索，并获取了大量的令人兴奋的当代设计和创新产品。它展示了针织纺织品和设计领域的新理念和新趋势，其中包括许多当代激动人心的国际设计大师的针编织杰作。

无论你是学生、设计师、从业者，还是家庭编织者，你都会发现这本书能够成为你灵感的源泉——整本书通过贯穿各类样品、图解和服装设计的说明，展示了针编织的发展潜力，并提供了大量可以开发和利用的技术，这些技术既适合手工针编织，也适合机器针编织。

最上图："全球编织公开日"是2005年由丹尼尔·兰德斯（Danielle Landes）发起的世界上最大的编织活动，意在鼓励编织者参与全球性的编织社团活动，以展示编织工艺和纤维艺术。

下图："编结树"，位于俄亥俄州黄泉市，是2008年贾法尔女孩（Jafagirls）的针织涂鸦树。

下右图：俄亥俄州黄温泉市的"伊莱恩的长椅"，色彩斑斓的的针织与钩编拼接作品，典型的贾法尔女孩作品，他们自2007年起开始针织涂鸦创作。

第1章

针织业

从手工编织到无缝针织技术，无论是运用传统工艺还是创新技术，针织的实践涵盖了广阔的领域和各种各样的技术与工艺。本章探讨了时尚针织业的加工织造、设计和打样方法。列举并分析了业内可供选择的就业范畴，最后介绍了国际行业展会，这些展会为各种各样的参展人士（从纺纱工人到设计师）提供空间，来展示他们的针织面料和纺织机械。

左上图：20世纪30年代女针织短袖套衫，带有装饰花纹的育克和沟纹的袖子细节，来自英国先进的纱线制造商佩顿和鲍德温，刊登于针织杂志上。

左下图：佩顿和鲍德温的20世纪30年代的"戴安娜"女式泳装，使用了防缩的四股粗毛线。

右上图：佩顿和鲍德温20世纪30年代的泳装，使用橘黄色的防缩四股毛线，有完整的纸样制作说明："因为羊毛织物在湿态时会略微扩张，所以泳装在入水前穿起来必须非常紧身，否则很容易松垮。"

右下图：20世纪30年代复古的女士针织套衫，带有抽褶细节的郁金香短袖，使用了双股纱线。

LADY'S JUMPER
FROM PATON'S SUPER OR BEEHIVE FINGERING

科文设计的前交叉束腰女装，具有复杂的袖子和肩部细节，使用了墨绿色、黑色和炭灰色，并搭配耀眼的金色。来自2010年秋冬在巴西里约热内卢的时装秀。

纬编和经编技术

　　针织主要有两种形式：纬编和经编。纬编织物是沿线圈横列的水平方向将线圈相互串套而形成的连续成圈结构，可以用一根具有连续长度的纱线来编织。这种方式织造的面料适合做时尚类服装。然而，这种结构也意味着面料很容易脱散。纬编织物作为最常见的编织形式，既可以用毛衣针手工编织，也可使用家用或工业用针织机织造。

　　经编织物的构成是纱线成圈沿垂直方向回环串套而成，织造的面料尺寸稳定不易松散。机织的经编织物每个纵行使用一根经纱；纵行是在编织过程中线圈的垂直列，每一针都相互串套。经编织物用来制作胸衣、内衣、睡衣、运动面料、网眼织物和薄纱、窗帘或辅料等。

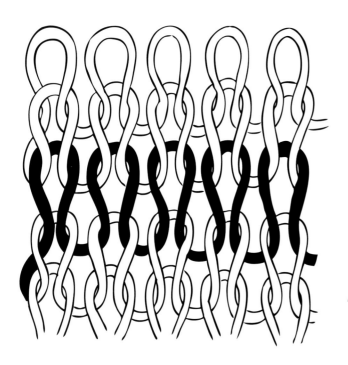

纬编织物

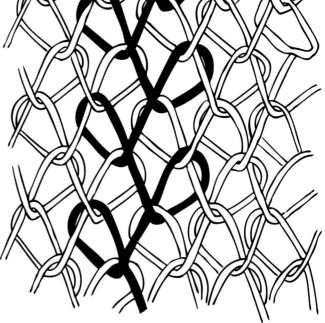

经编织物

手工编织与机器编织

我们可以使用两根或两根以上的衣针对服装进行手工编织，相对于机器编织而言，这是个比较慢的技术活。市场上有大量各种各样的纱线专门满足手工编织者的需求，而且，手工编织者具有完全掌控编织设计过程的优势，可以手工操纵每一针。20世纪七八十年代，手工艺者的手织作品受到凯菲·法瑟特绚丽多彩的作品启发，手工编织时装设计开始变得非常流行，她通过出版《缤纷编织》等书籍，并在电视上做关于针织系列的电视节目将他的编织艺术带给大众。此时，针织服装在时装界也开始得到认可，设计师们把它列入自己时装系列的同时，针织品品牌也开始出现在T台上。一大批针织设计师，例如桑迪·布莱克、苏珊·达克沃斯、马里恩·弗莱、萨沙·卡根和帕特丽夏·罗伯茨等都推出了他们自己的作品与同名品牌。随着针织服装在T台上的频繁亮相，也带动了对针织花样的设计需求。之前针织的花纹组织都是由纺纱工所创并用来大量生产，他们很少关注时尚。如今，设计师们撰写的有关编织图案的书籍开始出现，并推出了他们自己的纱线系列，这种趋势一直延续至今。

20世纪七八十年代，随着许多新杂志的发行，如英国的《机器编织新闻》《机器编织月刊》和环球出版社出版的《美国机器针织资源》等，机器编织在大众中变得越来越流行。这些杂志推广家庭机器编织，提出机器编织技术的特色，分享读者的想法，列举针织品花样和最新的家庭编织技术。这段时期，手工编织和机器编织共存。然而在近几年，由于新型纱线的不断开发，手工编织更具创造性和便携性，名人效应促进了工艺的推广，艺术学科之间开发的合作项目，以及社团编织组织在全球范围内如雨后春笋般的兴起等因素，使手工编织品的市场不断发展，对家庭编织者产生了更大的吸引力。相反，家庭机织市场由于杂志不断推出的新机器、配件和纱线而变得过度饱和，它无法阻挡社会适应性更强的手工编织工艺所带来的更大吸引力。然而由于一批新的专注于针织领域的年轻设计师的涌现，让针织服装在时尚界开始占有了一席之地，诸如朱利安·麦克唐纳德、马克·法斯特、桑德拉·巴克伦德、克莱尔·塔夫和德里克劳勒，他们都是针织领域内颇为成功的设计师。

右图：以金色链子为装饰细节，多种针织肌理结合的蓝色紧身连衣裙，出自克莱尔·塔夫的设计。

编织结构

针织服装主要有两种成衣方式：全成型和裁剪成型。然而，由于先进的机器编织技术和无缝服装的产生，这种分类正变得越来越模糊。

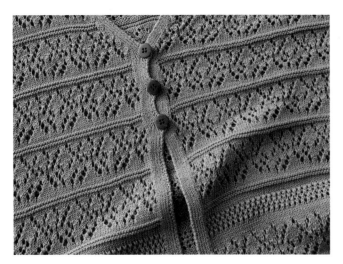

左和下图：极富肌理感的"桦木灰"绞花编织无袖上衣，使用日本岛精公司的全成型编织机系统，可以在服装上将多种针法与各种机针结合进行编织。

上图：全成型编织服装。

全成型编织服装

全成型针织服装的制作是严格按照样板所需造型编织每一个衣片，通过加减针数改变衣片的造型，然后直接缝合成一定尺码大小的服装。由于制作这类服装通常需要用连接技术将接缝连接在一起，才能更加规整和专业，同时，还需要应用后整理工序打造完美舒适合身的效果，所以制作时间比较长。这种制作方法通常适用于高档纤维的针织品，如羊绒、羔羊毛、羊驼毛、美丽奴羊毛、丝绸和亚麻等，为高端的市场生产针织面料。

近年来，创建于1815年的苏格兰标志性品牌普林格尔（Pringle）参与了许多合作项目，在保留传统特色的基础上与现代设计和新技术相融合。该品牌通过在伦敦和米兰时装周上的亮相获得不断的发展，并进入了国际奢侈品的舞台。同时，该品牌还与许多苏格兰著名人物的名字联系在一起，例如：获奖女演员蒂尔达·斯文顿和艺术家吉姆·拉比、阿拉斯代尔·格雷，苏格兰的传统文化特色和强大的设计魅力，使品牌风格独树一帜，同时品质超群。

精致的杜比德褶皱，卢勒克斯面料与腈纶针织连衣裙，选自艾丽丝·帕默2011年春夏时装系列"化石战士"。

源于20世纪60年代灵感的绿松石色全成型针织连衣裙，苏格兰的传统服饰品牌普林格尔。

全成型精织嵌花拼色羊毛衫搭配灰色法兰绒长裤，选自普林格尔2012年春夏时装系列，对普林格尔标志性的多色菱形图案进行全新的演绎。

上左图：这是一件非常女性化的服装，育克部位带有雕刻感的镂空细节，由丹麦设计师伊本（Iben Høj）设计。

下左图：细机号绞纹针织服装的细节，使用了部分编织工艺，使衣身部分更加有型、丰满，并且向外散开，由丹麦设计师伊本设计。

上右图：丹麦设计师伊本以他在针织结构与工艺方面的造诣而著称，如图所示就是一件具有精致细节的针织服装，运用了部分编织工艺。

下右图：精致的白色细机号针织上衣运用部分编织工艺增加了造型感，整体轮廓向外张开，并形成下垂的褶皱，由丹麦设计师伊本设计。

剪裁成型

　　裁剪成型是商业化生产针织品最简单和最经济的方法。为了使产品的最终价格经济可行并且具有吸引力,制作的过程就需要更短的周期,一般使用纱线的种类有腈纶混纺、棉涤混纺,以及腈纶、羊毛和涤纶的混纺等,这样生产出的面料可以机洗,而且相对容易护理。面料由V型横机或横机编织(如22页所描述的),或者使用圆机织造管状的长幅面料。面料按长度织完后再熨平。将多层的针织面料叠在一起,用自动裁剪机批量裁剪成衣片,方法和梭织面料类似。然后将衣片包缝,将接缝缝合在一起。罗纹领、口袋和针织辅料等服装上的部件则需要独立织造,然后在整理工序中缝制在一起。

上图:吉娜·李的拼色提花针织服装设计,她的个人目标是通过她的作品"创造特定的情感瞬间或状态下的抽象视觉表现"。

下图:裁剪成型。面料织成所需的长度和宽度,衣片部分从面料上裁剪下来,然后缝合在一起。

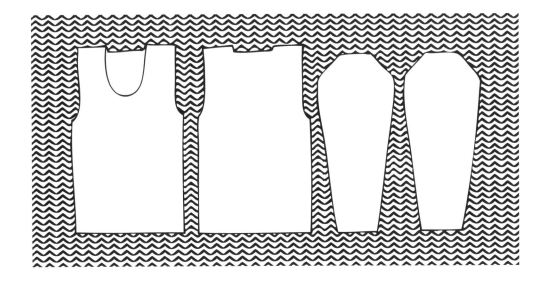

无缝编织

　　1995年在国际纺织机械展上推出的无缝编织,是在针织行业内最令人惊喜的一大技术进步,创新的无缝针织技术的发展,造就了服装整体的三维成型。无缝技术生产的成品很少或者几乎看不到裁剪和缝制的痕迹,同时也能节省更多时间,减少劳动力和纱线的成本。无缝编织品由于其优良的耐磨性、接缝处美观光滑、穿着舒服等特点而越来越受欢迎,已经运用于内衣、休闲服装、专业运动装等针织品领域。

　　许多设计师都使用了无缝编织技术。日本前卫设计师三宅一生与他的设计总监藤原大的"一块布"定制系列始于1997年。它是由一块布构成的服装哲学,这一理念不仅探究了身体与服装的关系,而且还提出了身体与服装之间的空间概念。该系列由机器生产的管状无缝面料组成,根据消费者的个人需求来定制,可以被设计和裁剪成不同的长度和形状。

下 图 : 纺织品艺术家费雷迪·罗宾2002年创作的针织装置作品"无论如何",一个 1650mm×3000mm×3000mm的大型管状织物系列,四肢相互连通的毛衣,探索了无缝编织技术。

上图:织物从天花板上悬垂下来,展现了三宅一生"一块布"的理念,创作者是木豆藤原。这一理念始于1997 年,是服装机械的一大变革,织物还在卷轴上,设计已经开始。

针织机器

从简单的家庭编织机到用途广泛的工业用机器，针织机的种类很多，每一种机器都有它独特的功能。

家庭编织机在一些家庭编织者和小的设计工作室很常见。它们很容易操作，并且有细机号、标准机号和粗机号之分。针织机器的机号是指机床上机针之间的距离，它还界定了该机器所能织造的织物的厚度。细机号针织机器适合于轻薄织物，标准机号机器则适合性能良好的运动型面料，而粗机号机器则适合轻型的粗纱、手工编织纱线和肌理感更强的花式纱线。针织机器通常有一个集成的打孔卡装置或者提花装置，将图案的重复针法编入程序，例如费尔岛杂色图案（Fair Isle，见第89页）、集圈组织和网眼组织。

家庭编织机有许多种需要单独购买的零部件和附加托板，包括网眼和嵌花板、纱线转换器，以及罗纹机附件等。家庭编织机具有单针床，如果添加一个罗纹机附件，就会构成两个平床，那么就形成了双针床机器。根据需要，罗纹机可以用来编织服装的罗纹部分，然后降落下来在单针床上编织衣服的大身。一件完整的衣服可以在单针床上完成；然而，双针床提供了更大的灵活性，既可以织平针的织物，也可以织双反面织物。单针床用来织下针，罗纹机用来织反针。双针床可生产的织物范围比较广泛，包括提花织物、管状织物，以及罗纹结构的织物等。

家庭编织机可以用来创作和发掘一些新的创意，因为它使用起来容易，并且非常利于手动操作，例如绞花和装饰部分的编织、装饰的蕾丝花边、饰边和流苏等。

上图：标准针距家庭单床编织机。

下图：杜比德手动工业编织机，展示了手动操作的V型床，它适合于从精细轻薄的织物到厚重织物各种针距的产品。此图为波拉斯的瑞典纺织学校。

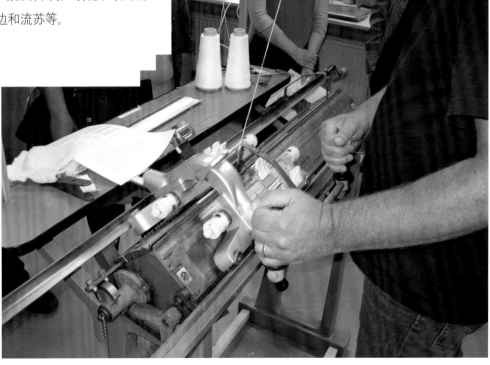

工业手摇横机是用手工操作的工业针织机。例如杜比针织机就是瑞士公司生产的同名手摇横机。这种机器虽然不再生产了，但是由于它的手工操作功能和机针的多功能性，一些独立的设计师和一些小型企业还在使用。小的设计工作室通常使用这些机器生产织物小样，探索色彩、纹理和编织技术，并织造一些服装样品。工业用手推横机从16gg到1.5gg有各种各样的型号，16gg是非常细密的针距，每英寸有16根针，而1.5gg是粗针距。工业用手摇横机有一个V型针床，它由两个呈一定角度倾斜并以倒V型结构相交的针床组成，生产的织物线圈结构广泛，例如双面提花织物、罗纹和管状织物等。

圆型编织机有多种类型，如机械的或电子的，还有电脑控制的，可以生产各种针数的无缝管状面料，包括单面织物、双面织物、提花织物、罗纹织物、起绒织物、网眼织物，以及具有特殊用途的双面织物，例如袜类、运动外衣、家庭和医疗织物等。

全自动全成型针织横机是传统针织横机的一大进步。在外接式电脑的控制下，他们具有自动一次成型的功能，相比较而言它很容易编程和操作使用。织物的花样使用电脑软件设计，信息可以直接传输到电脑横机上进行编织。

上图：圆形编织机生产三色提花织物。

下图：美丽奴羊毛和埃及棉各占50%的数码针织织物。作者称："这个系列精选了最好的意大利纱线。色彩没有季节性，只是为了体现Emdal独一无二的特质与和谐感。"

电脑针织横机

设计师们不断地探索和发现新的生产方法，挖掘机器的潜能，开发出新的技术。电脑针织横机是由针织技术软件操控的，可以设计针织结构，如提花和嵌花组织，以及平针花型。还可以灵活操控编织速度。在时尚和纺织工业中，质量和产量是极为重要的因素，而最新的机器被设计成可以在不降低标准的情况下实现最大的效率。针织机器的进步提高了针织品制造的生产能力，从而导致了无缝或全服装编织技术的问世。

上右图：Emdal为2010/2011丹麦秋冬服装与室内设计的数码针织织物。

中右图：在Emdal ColorKnit工厂的工业针织机上设计和生产的数码针织织物。

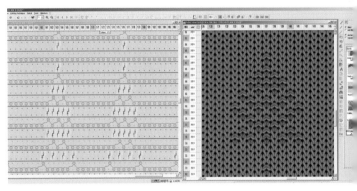

上图：CAD程序能够帮助设计师在提花、嵌花图案设计、调整图案位置和其他技术方面拓展思路。屏幕显示说明滑针和集圈组织之间的区别。

左图：以"树"为主题的数码设计连兜帽，出自Emdal Colorknit公司，该公司由丹麦纺织品设计师兼艺术家西涅·恩达（Signe Emdal）创立。

无缝编织技术

　　V型针床针织机的两大供应商是日本的岛精公司和德国的斯托尔公司。两大公司都致力于研究前沿的针织技术，他们开发的产品涵盖了从针织设计软件到标准的电脑横机针织机和无缝针织技术。岛精公司开发了包括从极细机号到粗机号的几种不同的"WHOLEGARMENT®"针织系统。德国的斯托尔公司则在各种机号上使用类似的系统，推出了"Knit and Wear®"（织可穿）服装技术，可以生产从细到粗的多针距织物，粗机号的效果具有手工编织的外观。针织机技术的不断完善和发展提高了机械的性能，缩短了开机时间，提高了生产速度，使其可制造出的织物结构大幅扩大。

　　在无缝服装制造方面，前片、后片和袖子等服装的部件全都织成管状，每一个组件都使用单独的纱线锥，同时通过不同的纱线喂纱器。服装的成型由电脑程序控制，在编织的过程中各部件连接合并成一件成衣。这种工序生产出来的服装非常舒服，正如斯托尔所描述的"完美合体，为造型和设计提供了新的自由度，高质量的织物消除了不必要的接缝。"

斯托尔（Stoll）自动针织机，可以高效生产"织可穿"服装，可织造包括嵌花组织在内的各种针织结构的织物。

针织技术的未来

    针织设计师、艺术家、科学家和建筑学家之间进行了许多跨学科合作，这推动了创意的产生，促成了新的理念和产品开发。智能纺织品的研发也同样具有至关重要的意义，它包括医用纺织品、发光面料和扫描针织技术等，所有这些都推动了针织结构的发展，改善了织物的性能和生产实践的过程，这些将在第4章进一步详细讨论（见134页）。

针织装置作品"树的故事"，探索了透视效果和比例，出自丹麦数码针织公司Emdal ColorKnit。该品牌在服装、家居装饰，以及布景方面具有跨学科合作的悠久历史。

维罗妮卡·帕斯（Veronika Persché）在她维也纳的针织工作室为国际时尚领域的设计师和艺术家们制作织物。

案例学习
维罗妮卡·帕斯

纺织设计师维罗妮卡·帕斯（Veronique Persché）出生于奥地利的克洛斯特新堡，从1999年开始她一直从事自由设计师的工作，她在维也纳拥有一家工作室，为国际时装设计大师和艺术家们制作具有现代风格的纺织品。维罗妮卡毕业于维也纳的HTBLVA纺织品设计学院，学习的是纺织品设计专业。她在面料的创意处理方面声誉颇高，研究出了创新的三维织物结构，其中涉及集圈和提花技术，她通常使用电脑针织横机工作。在工作中运用各种技巧使她可以不断地实践她所喜爱的颜色，并制作成色彩板。在她的作品中，使用的纱线包括黏胶纤维、美利奴羊毛、棉／黏胶纤维、羊毛／天然橡胶等，所有这些纱线都在她开发错综复杂的立体表面结构的织物过程中起着极其重要的作用，立体表面结构的织物是她的标志性作品。维罗妮卡曾经与许多艺术家和设计师合作，开展项目、举办展览，以及承接自由设计师任务，其中包括一些时尚品牌，如Elfenkleid, Szidonia Szep, Elizaveta Fateeva, Eva Gonbach，也与珠宝设计师索尼娅·博奇（Sonja Bischur）合作过。她的作品曾经在慕尼黑国际行业博览会和其他几个展览中展出，如德国科布伦茨汉德韦克画廊的"Around 30"

展览，维也纳的"Folge 02"展览，以及在伯拉第斯拉瓦X画廊的"Austrian Talents"展览，在伦敦的Ethical Fashion Source Expo上她也展出了自己的生态织物作品。维罗妮卡曾在维也纳美术学院做过嘉宾演讲，在日内瓦设计艺术大学（HEAD）主持针织品设计研讨会等。她的作品定期刊登在国际杂志和期刊上，诸如 Selvedge, Textile Forum 和 Fibre Arts 等。

你受过哪些专业训练？

我曾就读于一个工艺美术学校，毕业后我又去学习了金丝和珍珠刺绣。之后我在维也纳的一所学院学完了纺织品设计的课程。

是什么激发并影响了你的设计？

最影响我的是大众以及他们的穿着，还有建筑风格和古老建筑的外墙装饰，所以维也纳的建筑特色和东欧的人民就是我神奇的灵感源泉。我也喜欢通过旅游从各地收集新的素材。

你能用几句话概括你的设计历程么？

我从各种途径广泛收集了各种各样带有装饰细节的图片，如粉刷的外墙，家具装饰，我在头巾上发现的图案等。之后我把他们结合在一起，创造出新的图案。我再把这些图纸转换成针织机上的设计文件。我的大多数作品都涉及

左图：维罗妮卡·帕斯创作的极具视觉冲击力的立体结构织物的细节特写。

下图：使用集圈技术处理织物而制作的立体针织服装的细节图，这是维罗妮卡·帕斯利用电脑针织横机创造的一种在机器上抽褶的面料处理工艺。

几何学。设计过程中最有趣的部分是在机器上对图样进行试验，将不同的工艺和材料进行结合，这个过程充满了神奇。我常常会因为某些偶然的事件而得到美丽的惊喜！

制作作品时你使用哪种类型的机器？

我使用三种不同型号的电脑针织横机。

在你的作品中，你使用何种工艺？

实际上我使用的工艺五花八门，但很少用手动操控技术。我更倾向于用工业的方式使用机器，比如我一直使用带电机的机器。

设计一件作品最困难的部分是什么？

我的大部分作品都是以自由设计师的身份承接的设计任务，或者与时装、戏剧和室内设计师的合作。我需要二三周的时间进入最佳的状态，把我所有的想法整合到新的针织面料设计中。

你参展过哪些国际行业展会？

有一些展会是专门针对企业的，设计师可以和制造商面对面交流，比如伦敦的Source Expo。

你工作中最具挑战性的是什么？

我工作中最具挑战性也最能带来满足感的是突破技术的界限。我最享受的时刻是在我的针织机上专注于一个解决方案来完成特殊的设计作品。

与针织业相关的职业

如果你对针织业的工作感兴趣，可以考虑选择在国内或国外就读相关的课程。课程范围包括针对那些有兴趣致力于纺织技术和生产开发而设置的课程，技术性极强，也有针对面料和针织服装设计的课程，这些课程在各服装院校都有。类似德国斯托尔公司这样的机器制造商也会提供短期课程、专项培训、学术会议、研讨会和工作坊等，他们组织各种各样与针织品相关主题的培训，从"针织品生产的质量保证"到"工艺单开发的最佳案例"等不一而足。

服装纺织业是最大的产业部门之一，针织品的地位不容小觑，就业领域诸多，其中包括工艺设计师、产品开发员、纱线开发员、针织品顾问、样板师、放码员和图案绘制人员。还有一些合并在一起的工种，例如技术员和机器程序员，所以有必要查看各工作岗位的要求，以了解工作的标准。

上图： 在皮蒂·菲拉蒂展出的精美细腻织物。
左图： 丹麦纺织品设计师兼艺术家西涅·艾玛德尔（Signe Emdal）创建的数码针织品牌"艾玛德尔彩织"的面料板。

职业	概述

针织服装设计师

针织行业的设计师们有许多机会，比如为批发商、独立店铺、高街零售商等提供服务。这些职位可能涉及完全成型的、无缝的，或裁剪成型的针织品，或者女装、男装、童装，以及配饰市场的手工编织部门。公司的规模各异，从大型到中型，到较小的公司和独立的个体经营者。

针织服装设计师的作用因公司的规模和市场级别不同而大不相同。但是，通常针织服装设计师应该具有创意的天赋，可以根据客户或者顾客的设计概要设计和开发出服装系列。他们对色彩和纹理要有独特的眼光，能够绘制草图和主题板来展示季节性产品开发的想法，包括详细的工艺平面图。

服装设计师的工作有一定的级别划分，通常征聘的时候会有明确说明，如高级针织服装设计师，助理或者初级针织服装设计师，工艺师等。设计师通常要根据顾客的设计概要来工作，联络和走访海外供货商，创造能赢利的时髦服装产品。

针织服装方面的职位通常都会限定一个特定的范围，如是针对成熟女性还是淑女的针织品设计，或者商务男性针织品等。征聘广告中会注明岗位的详细信息。不管是针对哪个类型的针织服装设计，设计师都需要熟悉各种机器的型号和规格，或者对手工编织有一定的理解和实践能力，能够使用手摇横机或家庭编织机编织样品。应聘者必须在服装结构、制作工艺、面料、纱线和整理等方面有丰富的工作经验，具有IT知识、CAD的应用技能，例如会使用Adobe Photoshop和Illustrator软件。

针织服装设计师还要具备良好的沟通技巧，以便于更好地与内部和外部的部门开展工作与交流，比如创意总监、产品经理、开发人员、样板师和生产团队，外部的包括供应商、厂家、买家和客户等。他们必须针对具体的价格/预算方案提出产品的创意构思，能够为团队、公司领导准备汇报材料，为采购会做准备。

鉴于该行业的快节奏和服装流行的季节性，设计师必须按既定目标工作，严守交货日期，在设计进程中要遵守所有的关键时间点。

样板师/放码员/绘图师

样板师的作用是根据设计师的草图或设计图绘制第一个样板，使用公司内部的原型，或者选择在人台上造型或立体裁剪，也可以将两种方法结合使用。样板师/放码员能够完成从2D到3D的转换工作，能够修改版型、放码，可以使用手工或者使用CAD来修整和重新制作样板。根据公司或者工作室的规模，制板师需要与设计师和生产经理保持沟通与合作，使服装样衣更加完美，为生产大货做准备。

职业	概述
产品开发员	产品开发员负责监管全部的生产工艺和流程,包括在样品开发阶段供应商的管理与协调,负责对所有针织品和服装的质量监督。产品开发人员需要对各种型号和规格的机器、手工编织技能、针织工艺、缝合技术、放码标准,以及所生产产品(如裁剪缝制针织品)的生产技术有深入的了解。他们必须能够解决技术问题,修正样板,与买家和供应商协调所有方案的细节,确保如期完工。
针织机技术员/程序员	针织品技术人员通常使用CAD系统为工业用针织机机进行编程,也能解决任何一个编织过程中出现的问题和故障。针织技术员/程序员必须具有全面的工作技能,可以为现有的针织机设置程序,并使其产生最大的工作效率。
机器操作员	机器操作员管理机器,并且负责全面维修和保养,确保机器有效地高效运转!因为许多机器都有几个纱线锥筒同时喂纱,所以他们要保证机器运转时纱线的供应。
面料工程师	面料工程师负责纤维,纱线和织物结构,审美和性能等方面的相关事宜。面料技术员还会根据季节变化和客户需求,参与开发新一季和新型的织物。技术员必须知晓有关针织机的全面知识,因为他们负责维护和控制生产纱线和织物的质量体系,确保织造的面料符合客户预期规格。他们将在生产制造过程中检查工厂的质量系统,并在可能的情况下提出改进建议。
针织服装工艺师	针织服装工艺师需要全面熟悉生产制造、工艺流程、服装组装和打样过程,包括控制生产和质量标准。工作职责是密切配合设计师和生产团队,制定出具体的规格,以及计划如何完成一件服装的制作,并随时做出必要的改进,以提高服装的质量和标准。
纱线开发员/纺纱工和配色师	纱线开发人员、纺纱工、配色师通常受雇于纺织公司或者流行趋势预测机构。他们需要对色彩组合、纤维种类有丰富的知识和经验,熟知纱线如何混纺、分辨纱线类型、后整理工序、新产品的开发以及对未来流行趋势的预测等。
针织品顾问	许多针织品咨询公司为服装纺织行业提供一系列的与针织品相关的服务,为一些个体客户服务,从纺纱工到产品制造商。他们的工作通常包括色彩预测,纱线、面料、色彩和样品开发,以及服装设计,生产和技术支持。在饰品设计、工业产品和室内装饰等专业领域也有适合的工作机会,如生产制作百叶窗的织物、椅套、座垫和软装饰,或者设计工业用针织面料。

职业	概述
针织代理	许多针织品设计师通过商业代理公司获取合同，既生产服装也生产样布，他们有的创建了自己的公司，有的是从事自由职业的设计师。商业代理公司通常为客户提供关于潮流、纱线的发展趋势、色彩、风格和产品板的咨询服务工作，为特定的市场量身打造新潮的针织产品，从高街到奢侈品的女装、男装、童装、配饰和家居用品等。使用这些服务的客户包括纺纱厂、零售店、制造商和贸易机构。与代理商谈佣金的时候，要尽可能多了解代理公司和他们的客户。一定要准备一份能够展示你作为一个设计师特长的工作简历，体现你的综合能力，包括你能操控的机器类型，你的技术知识，对色彩、纹理和细节的敏感度等。
针织品买手	针织品买手通常具有强大的零售和商业背景。一个成功的买手必须具备商业头脑，对市场和竞争有充分的了解，具有预测下一季流行趋势的丰富经验。买手可能为高街零售商的专业针织品类别工作，例如专门经营特定品牌的男装，女性休闲服饰或童装的针织系列。买家必须对品牌有详细的了解才能确定卖什么，或者哪些是适合他们的产品类别，从而建立和发展品牌形象。他们必须有一个买手团队，与负责协助开发畅销产品的企划师和业务员紧密合作，使销售额和利润最大化。

参观者在意大利国际纱线展——纱线行业最大的展览之一，在这里可以获得流行趋势、纱线产品，以及调研与开发的诸多信息。

主要的展览和贸易展会

如果你想在纺织服装业内求职,有很多重要的展览会和交易会值得你去参加,在那里你可以寻求很多机会。在英国,对于那些刚毕业的学生来说,毕业生时装周和新设计师展览是非常好的起点和平台。伦敦毕业生时装周是很多设计天才崭露头角的窗口,被誉为开启设计师职业生涯的催化剂,还能吸引许多著名的赞助商,如Topshop, River Island, L' Oreal Professional, Mulberry 和其他许多知名品牌。

在伦敦商业设计中心举行的"新兴设计师"展览吸引了来自各个设计领域的3 500多名毕业生,他们把这里当做展示自己作品的平台。这个展会帮助很多毕业生开启了自己的职业生涯,也使大学、学院和企业之间建立了合作关系;同时吸引了许多从业者、行业专家、公司、赞助商和社会大众。

国际毕业生招聘会

如果你是一个应届毕业生,你还有一个选择,就是向相关的数据库(比如ART THREAD)提交一份能够展示你全部技能的作品集,数据库会推出"每周一轮的新作品集,包括所学课程/大纲、学生/毕业生论文设计展览和比赛",这个数据库相当于一个专门为全球具有创造性的毕业生安排工作的招聘咨询公司。通过这个网络服务,为全球设计师和企业提供了联络和接洽的机会。

国内国际针织品贸易博览会

从巴黎的"第一视觉"(PV)面料展会和国际纱线博览会、佛罗伦萨的意大利纱线展、中国纱线博览会,到美国纽约的SPINEXPO展和Texworld面料展,有许多专业的国内国际针织贸易展会。这些展会活动主要面向世界范围的纤维和纱线制造商,而其他的展会活动如中国上海国际纺织展,则成为制造商们进行纺织机械和纺织产品交易的全球平台,展出了他们最新款的机器设备——圆形机、横机和经编针织机,辅助机械和整理机及其配件。所有大型的展会都会吸引数千名来自世界各地的参观者,包括进出口商、批发商、零售商、制造商、代理商、百货商店和其他相关的专业人士。

许多展会活动的额外亮点还包括时装表演和趋势报告,提供最新的纤维信息、纱线开发、织物概念、季节主要的流行色彩,以及有关针织针法、廓型和细节方面的趋势。同期举行的研讨会、展览、商务洽谈活动和新闻媒体会议等活动

也提供了绝佳的拓展人脉的机会。

通过参加展会和交易会能够让你获得最新的行业发展动态和新的理念,增加对流行趋势的洞察力,获得有价值的采购机会,并能拓展业务关系,如与纱线制造商和辅料供应商建立联系。这种信息非常有价值,许多纱线制造商现在开始和小型的公司和企业打交道。因为他们准备承接一些来自家庭编织者、小型企业和自由设计师的更小的订单。所以非常有必要在展会上接触公司代表,要求他们提供最新的纱线样品以及他们的特色产品。

意大利国际纱线展 (Pitti Immagine Filati):在佛罗伦萨举行的意大利国际纱线展是国际上针织行业最重要的展会之一。参展商们展出最新款的纱线、样本集、专业产品、花边装饰、纽扣及配件、针织机械、软件系统、原型和关于流行趋势的书籍。展览的区域包括"时尚进行时",展示了来自诸如环球资讯网公司的最新的全球流行趋势,作为一个多语言的网站,提供了对未来全球潮流最详尽的分析,并对未来的时尚和设计做出趋势预测。

巴黎第一视觉面料展 (Première Vision/Indigo):这是一个非常重要的展会,展示当前和未来的面料系列,呈现最新面料与材料的发展,提供时尚新闻、研讨会、时装表演和潮流预测等信息。

巴黎纱线展 (Expofil):该展会是关于纤维推广和纤维开发、纱线和针织新技术的领先展会之一。它为编织、提花、圆形织物、管式无缝织物和手工编织等提供了展示的平台。展览为纺织工业提供了新的纱线系列、流行趋势和指南,以及行业研讨会的简报等。

国际纺织机械展 (International Exhibition of Textile Machinery, TMA):这是一个国际性的纺织服装机械展览,展示了最新的纺织技术、加工工艺、功能性纺织品和服装制作技术。参展的有生产商、机械师、分销商、进出口商、买家、卖家、经商者、零售商、工厂、商店业主、纱线生产商、纺织服装设计师,以及纺织行业的所有专业人员。展览还包括有"研究和培训分馆",通过许多会议和研讨会来讨论一系列诸如纺织品的可持续性、纺织品染料和高级纺织品等议题。

上海国际流行纱线展 (SPINEXPO):这也是一个非常重要的展会,展示了机器编织和针织品设计方面的新技术和进步,以及最新的纤维、纱线和针织面料。展会由时装表演、研讨会和展示最新色彩的潮流与潮流故事的趋势报告等内容构成。

上图:意大利国际纱线展吸引了设计师、制造商、零售商和买家,提供了行业内部最新的各种信息。

中间图:在意大利国际纱线展上,和针织面料一起展出的还包括纤维、纱线、织物样品和面料的最新消息和发展趋势。

下图:在意大利纱线展会上采购面料和纱线。展会审视了纤维、纱线、结构工艺、季节流行趋势的最新发展动态,给出了行业发展的概况。

第2章

调研与设计

如何才能开始设计一件对于穿着者来说既有趣又与众不同的服装呢? 在哪里获取灵感? 什么颜色的纱线搭配在一起更好看? 从发掘最初的概念和构思到设计主题的探索研究, 这一章讲述了针织服装设计的各个阶段。它详细阐述了设计师在创意设计过程中季节性趋势预测、新的色彩故事,以及开发新的纤维、纺织品与纱线的重要性。它着眼于设计师从何处获取最初的概念, 提供启发灵感的建议, 并展示如何将原始的想法发展创意, 激发对色彩、图案、肌理和款式的创作灵感。本章提供了许多服装廓型, 你可以在自己的设计中借鉴和开发, 或者用来激发你的设计灵感, 以此帮助你完成整个设计过程。

上页图: 德国设计师劳拉·泰斯(Laura Theiss)的2011年春夏时装作品"外星启发", 将手工编织与钩针技术相结合。

右图: 爱丽丝·帕尔默(Alice Palmer)2010/2011秋冬作品, 以金属银尖钉装饰的具有未来主义风格细机号针织上衣搭配银色尖钉紧身裤。

设计要素

　　一个发布会系列是一组服装在色彩、风格和造型方面协调搭配,共同构成某一季独特风貌的一组作品。设计师们通常会围绕一个特别的主题来设计发布会作品,这个主题既是设计最初的起点,也是设计灵感的源泉。

　　无论是对你还是对专业人士来说,针织服装设计过程中最令人愉快的就是利用创意开发面料,进而进行服装设计。针织服装设计很容易出成果,因为它具有极强的适应性和多功能性——只需一点点匠心,你就可以设计和制作出令人心动的面料和服装。

左下图:醒目的毛衫质地连衣裙,带有不对称袖克夫细节,爱丽丝·帕尔默(Alice Palmer)的2010/2011年秋冬"蝙蝠侠"系列。

右下图:带有全成型的"鳍"形轮廓的单色针织迷嬉长裙,出自爱丽丝·帕尔默2010/2011年秋冬"蝙蝠侠"系列。

设计过程

任何针织服装设计的一个重要因素就是面料的开发。设计一个特定的服装系列，面料是设计的先导，或许在设计一件衣服或者服装系列之前，更多的技术是关于面料的开发。设计面料的时候要考虑季节、纱线的类型和特性，其中包括色彩、纹理和组织结构，以及你是手工编织或者机器织造，如果用机器织造，要考虑选择何种机器类型。许多趋势信息服务会提供最新的面料开发资讯，其中包括新技术的纱线和面料、季节性的色彩调色板、图案与针法结构的创新和发展。当设计针织面料、针织服装或者发布会作品的时候，必须考虑如下因素：

◆ 你设计什么季节的服装，秋天、冬天、春天还是夏天？

◆ 你的设计对象是谁，个人客户还是商业公司？

◆ 你的目标市场和顾客概况是什么？如果你是一个业内设计师，比如在一家大的商业公司工作，你就需要完全了解你具体的目标市场，进行有针对性的设计，或者你也可以根据一个具体的项目概要来工作。

◆ 你设计产品的价格范围是什么？高档的、中档的、市场价格，还是高街价格？

◆ 为哪个年龄群设计？婴幼儿、儿童、少年、女性，或者男性？

◆ 设计的服装在什么场合穿？日常服装、晚礼服、休闲服，或者运动服？

◆ 设计何种类型的衣服？针织套衫、运动式连衣裙、马甲、大衣、夹克，或者短裙？

◆ 设计何种风格的服装？廓型、风格和设计特色？

◆ 你将会用哪一种纱线？天然纱线、人造纱线，还是合成的纱线？

◆ 你设计哪一种针织服装？手工编织的还是机器编织的？

◆ 你将会使用哪一种设备？家用编织机还是商用针织机？

◆ 你要使用哪一种色彩搭配与组合？一组互补色或者对比色的色调，暖色调还是浓重且大胆的色调？

◆ 你要采用什么类型的组织结构？罗纹、塔克、绞花、提花、嵌花，还是麻花组织？

回答上述所有的问题之后开始创作一个系列，设计师需要参与整个过程。设计工作还包括根据客户提供的概要和品牌风格进行设计，或者推出设计师自己的服装系列，形成一个特定的风貌。制作一个服装系列，无论你是企业的设计师还是一名学生，都要对未来流行趋势有敏锐的洞察力，通过参观面料和纱线的展览、行业展销会来了解行业内的最新发展状况，寻找纱线和面料货源，制作主题板，编织样品，从而制作出一系列具有特定主题和富有吸引力的作品。设计过程中涉及许多阶段，大多数设计师的工作模式如右页图所示。

下图：桑德·阿卡特（Sundus Akhter）的探索表面处理手法的实验性创意，如漂白、组织结构转移、色彩和图案等，以此进行设计创新。

阶段	其他需要考虑的事项

选择主题   →   **季节**

本能和直觉

趋势预测

对前一季的开发或者融合前一季的潮流

确定系列的名称

秋季/冬季

春季　/夏季

过渡季

↓

主题分析   →   **调研**

调研 (一手调研和二手调研)

主题板

速写本 (记录所有的创意)

颜色板

面料开发板

建立客户档案 (年龄、性别、市场级别)

参加行业展会

展览

预测

↓

主题探索

草图

拼贴

图片的选择

↓

服装开发   →   **纱线选择**

草图

廓型比例、体量和细节

从二维到三维

人台上立体造型

探讨造型

设计细节

装饰

制造方法

手工编织、机器编织或者两者兼用

机器类型

整理工艺

结构

技术特性

季节

手感

垂感

适合的工艺

适合的季节

重量

↓

最终的服装产品类别   →   **面料开发**

系列中款式数量和产品结构

系列的统一感

配饰

系列的风格

纱线货源

纱线选择

面料结构

针型

面料克重 (细针的、薄的、粗针的)

打样

辅料

主题的创建、探索和开发

　　设计的灵感就在我们周围；灵感的源泉来自我们日常生活的方方面面，如自然、文化和建筑。许多设计师通常会受到一个热门话题的启发，从而创作了一个发布会系列或服装产品系列。例如，一个新上映的历史电影，很可能激发一个具有爱德华七世时代的色彩或者20世纪50年代元素的系列作品。要想通过这种方法创造一个系列，重要的是对主题进行深入的研究，获得尽可能多的调研素材，为设计工作创造一个绝妙的起点。

　　有许多方法可以用来收集和整理一些启发灵感的图片以及原始资料，以供设计时作为参考，如在工作室的墙面上贴越来越多的能够激发灵感和方向性的图片与概念，或者绘制草图和制作主题板，营造一个充满活力的创造性氛围。

下图：马克法·斯特（Mark Fast）2011年春夏作品的灵感图片。把一些激发灵感的图片、面料和纱线拼接起来贴在设计工作室的墙上作为起点，从而激发出新的想法，这些可以随着设计的进程而不断编辑。

右页图：大自然是色彩、纹理、图案和细节最好的灵感之源。图为卡罗尔·布朗（Carol Brown）制作的主题板。

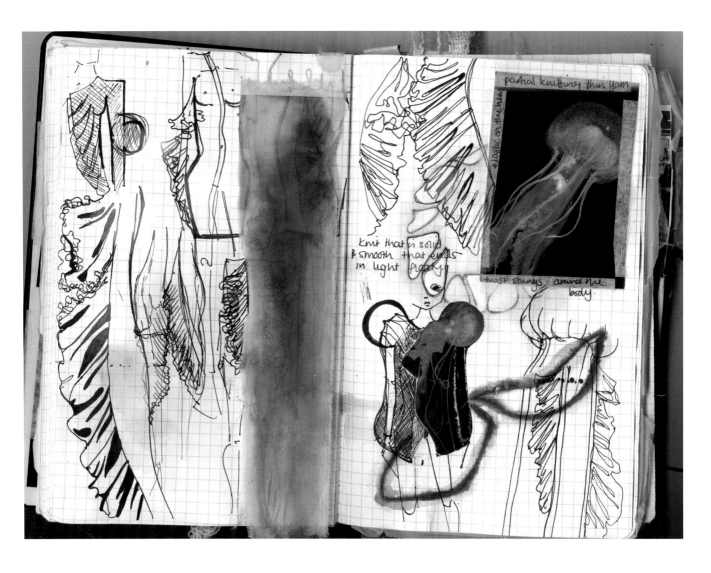

上 图：安布尔·哈得斯（Amber Hards）速写本中的一页，通过线稿、色彩和纹理来探索主题"脆弱的形式"。

左图：一组速写本，以"复古玫瑰"为主题探索关于色彩、肌理、图案和纱线选择的创意。

速写本

纵观世界时装设计史，许多时装的风格深受民族和历史服装的影响。从受中东服饰影响的保罗·波烈 (Paul Poriet) 的设计，到薇薇安·韦斯特伍德 (Vivienne Westwood) 和麦克卡伦 (Malcolm Mclaren) 的海盗服饰。当利用主题进行设计时，就要开始收集素材，如明信片、照片，以及基于书籍、杂志或艺术品勾勒草图。尝试着词汇联想，展开你的想象力探索与主题相关的所有方面，为相关设计领域的研究方向确定一个良好的起点。

上图：小冢富美子 (Fumiko Kozuka) 制作的具有启发性的针织和刺绣样品。

民间传说主题的词汇联想，下图显示如何把完全不相干的事物通过一个共同的主题联系起来。

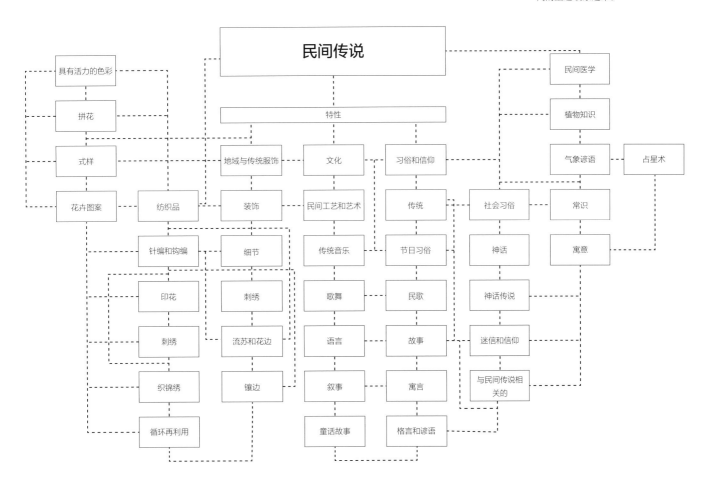

在设计过程开始的时候，用来搜集、记录、分析一手和二手调研资料的速写本是非常有用的起点，因为它帮你及时记录了你的想法。一手调研收集新的和原创的信息和想法，它可能包括绘画、素描、拼贴图和照片；二手调研收集各种来源的调研和参考资料，比如来自网络、数据库、图书馆、博物馆、美术馆、档案馆等。将这些资料记录到速写本中，形成自己的创意构思，然后整理、分析、运用到面料或服装设计理念中。速写本可以作为你个人参考使用，也可以给客户或者在教学中解释说明一个想法或概念。

在速写本上记录想法的时候，可以把任何一个思路都画下来，无论是启发灵感的、发人深省的，还是激动人心的。不用担心绘稿的准确性，最重要的是你自己能够理解其中的含义。在绘图方面缺乏自信并不妨碍你成为一名设计师，只要把所有的想法都描绘下来，随着实践和经验的增多，记录信息和勾勒创意的能力就会得到提高。使用色彩、纹理和纱线样本来说明色彩设计意图，这将帮助你做出决定并完成设计。在初步阶段进行草图勾勒，并收集激发你灵感的图片。通过探索各种媒介来激发具有挑战性的概念，激发新的想法，必要时在构思旁边做简要的说明，以这种方法进行调研材料的收集可以让你对创意和想法进行探索并试验，使其成为设计过程的一部分，为你的设计工作指明方向。

设计针织服装时，有许多主题可以作为灵感的最初源泉。例如：

大自然元素——树、植物、花朵、苔藓、叶子、鸟、昆虫、蝴蝶、野兽、四季、海洋、沙滩、海底世界、甲壳类、岩石、矿物质、宝石、高山、森林、庄稼、河流、湖泊、气候、天气变化和云的形状等。

建筑元素——实体结构、建筑物、室内与室外环境、历史建筑、城市环境、砖石、建筑类型（远东建筑、北美建筑、古代建筑、当代建筑）

装饰艺术元素——1925年巴黎国际艺术博览会上的现代工业装饰，1922年图坦卡蒙墓的对外开放和随后在埃及出现的所有流行风尚，查尔斯·雷尼·麦金托什（Charles Rennie Mackintosh），克拉丽斯·克里夫（Clarice Cliff），保罗·波烈（Paul Poiret），索尼娅·德洛奈（Sonia Delaunay），爵士乐时代，时髦女郎，俄罗斯芭蕾舞团——谢尔盖列夫（Sergei Diaghilev）和安娜·帕伏洛娃（Anna Pavlova），几何图形，具有一定风格的自然形态，树脂胶，漆和铝合金等。

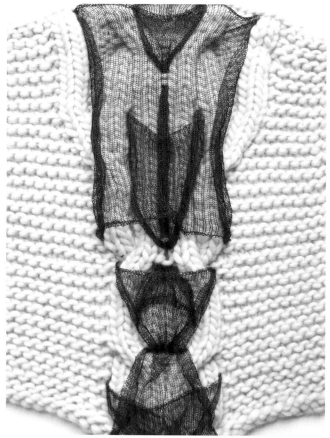

上图：受到"有机结构——人体和昆虫"的启发，由埃琳娜·穆尼奥斯·戈麦斯-特雷诺（Elena Munoz Gomez-Trenor）设计的细针针织衫。

右页图：受昆虫的启发，埃琳娜·穆尼奥斯运用了昆虫分段的身体结构和翅膀的形状作为最原始的设计想法，通过绘图、织物试验和拼贴工艺进行探索。

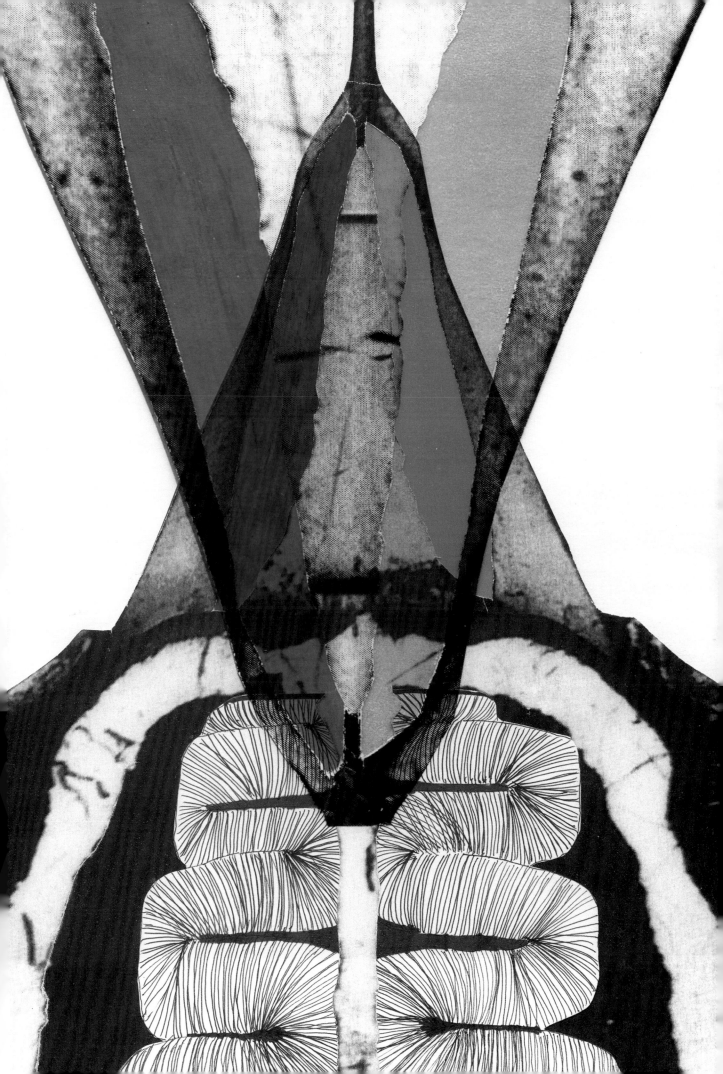

右上图：创意开发——从最初的灵感源
到面料样品开发，探索了雕塑的造型，
为服装增添了形式感和体量，设计师：
吉马达·尔比（Gemma Darby）。

右下图：吉马·达尔比对设计创意进
行的解剖式开发，使用针织面料包覆
管状硬衬，产生夸张的领口效果和衣
身细节。

下图：吉马·达尔比设计的现代针织
时装——罗纹领超薄紧身连衣裙，在
领口和大身部分装饰大量的条状针织
带作为设计细节。

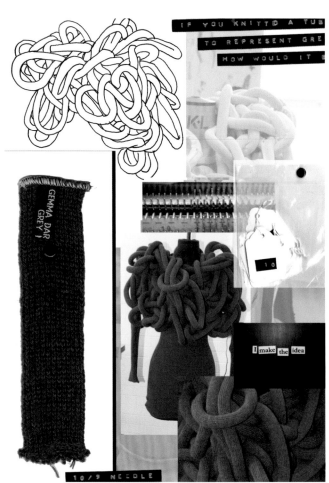

海滨元素——贝壳、螃蟹、海星、水母、日出、鱼、海草、海浪、沙滩（金色的或白色的）、太阳沙丘、盐泽、藤壶、海参、蜘蛛蟹、海葵、海胆、珊瑚、潮汐、帆布躺椅、船、钓鱼和港口等。

幻想元素——仙女、小精灵、小妖精、捣蛋鬼、女巫、男巫、龙、神话传说、魔法、神秘之物、超自然之物、科幻小说、民间传说、幻想、英雄、妖怪、中世纪文化思潮和文学（例如托尔金的《霍比特人》《指环王》，莎士比亚的《仲夏夜之梦》，JK·罗琳的《哈利波特》）。

20世纪60年代的元素——披头士乐队、滚石乐队、平克乐队、谁人乐队、吉米乐队、弗兰科扎帕乐队、多诺万乐队、詹吉思·乔普林、鲍勃·迪伦、琼·贝斯、琼尼·米歇尔、玛丽·奎恩特、崔姬、碧玛、皮尔·卡丹、安德烈·库雷热、迪克·鲍威尔、桑德拉·罗德斯、伊曼纽尔·温加罗、流行艺术（大卫·霍尼克，雅斯佩尔·琼斯，罗伊·李成斯坦，克拉斯·奥尔登堡，罗伯特·劳森伯格，安迪·沃霍尔）、花权运动、嬉皮士、音乐节、伍德斯托克音乐节、反战争运动、东方宗教、迷幻和女权主义。

西班牙元素——弗拉门卡服饰、饰边和荷叶边、分层的裙子、波点图案、大印花和织花图案、鲜艳的颜色、响板、斗牛士、西班牙国有旅店、西班牙设计师（马瑞阿诺·佛坦尼，莫罗·伯拉尼克，克里斯瓦尔·巴黎世家，以及帕克·拉巴纳）和西班牙艺术家（巴勃罗，毕加索，琼·米罗和安东尼·高迪）

以上所列出的元素足以说明在进行设计调研和开发时选择空间巨大，无穷无尽。

卡洛琳·普林斯（Caroline Princ）受"海滨"这个主题的启发，将针织和毛呢面料结合，上图是他的服装设计草图和设计开发手稿。

右图：一件服装或者一个服装系列的制作需要经过很多步骤，包括从调研与设计到工艺生产过程。

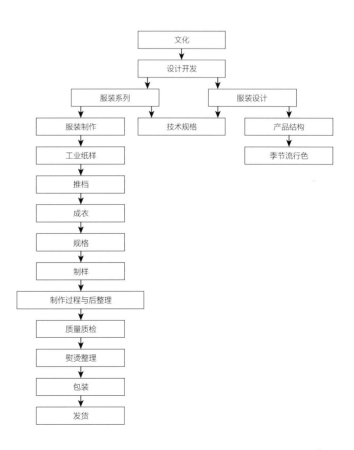

主题板

作为设计过程的一部分,许多艺术家和设计师都会把他们的研究和参考材料整理并拼贴在一张板子上,这就是我们所称的主题板,或称概念板、调研板。主题板通过设计师所收集的启发灵感的创意和刺激视觉的图片来连接主题,色板、纱线和纹理也紧紧围绕所选择的主题,知识性和趣味性兼具。

创建主题板时,需要仔细考虑,慎重选择、编辑和使用图片,以便于你的思路清晰,紧紧围绕主题,并且让你对自己的理念一目了然。主题板是在你有灵感之后,开始设计之前的一个总结,可以把它展示给客户,也可以公司内部使用或者个人使用。

主题板的尺寸根据它最终的用途而定。如果你在院校或者大学制作项目简介的主题板,就不需要特定的尺寸,可以根据学生的文件夹大小而定,可以是A2、A3或者A4的。如果你受专业委托,主题板的大小就会根据要求的尺寸来做。例如,受一家纺织公司的委托,做一个最新的纱线系列的展示,就要根据要求做成A1或者A0的,以便于展览时使用。

汇报作品时,要有效、专业地展示你的设计理念、色彩故事和样品品类,最大限度地创造视觉冲击力。可以把纱线卷成纱卷或者纱线穗贴在主题板上,针织小样可以提供一个样本卡,上面标注清楚纱线的类型和纺纱机、线迹花样、针数和其他细节。样本标题卡带有可拆卸挂钩,可将时尚和零售行业的任何顶尖生产设备供应商提供的50个以上的样本装在一起;或者也可以制作30cm×38cm的质量卡展示小块的样品。

一旦你已经收集齐全所选主题的调研素材,就要准备分析你的笔记,把一些想法勾画出来,从而在视觉上直观地探索你的思路,提取颜色和材质,确定图案的构思。这就会使你根据主题制作出一些样品,并最终完成一系列可以转换成针织服装的设计。

上图:带有纱线卷和纱线穗的专业纱线展示,表明在主题板、色彩板、品类和最终设计板上可以包含色调方案、纱线类型。这会让观者对你的最终成品有更加完整的印象。

受环境影响而激发灵感所产生
的自然色调色板——从黑色,深
灰色,青灰色,熟褐色到冰激凌
的颜色。

PLAY WITH CRAFT, NOMADISM AND PRIMAL URGES

主题板"手工游戏、游牧民族和原
始的冲动",出自伦敦罗力·杰克
(Rory Jack)工作室,表达了游牧
部落传统服饰文化的影响和由此所
激发出的灵感。

伦敦罗力·杰克工作室制作的调研板,展示了有关织物、图案和廓型的文化背景,也成为一个系列的灵感源泉。

下面的图例说明了以单一主题为基础进行一个系列设计时所包含的步骤。他们通过调研过程展示了设计的发展过程——从制作主题板、设计草图、针织样品一直到最终设计的呈现，即编织出一件或一个系列的服装。

服装的开发也可以称作一个系列的构建。开发一个系列的时候要考虑季节、顾客情况、本系列需要多少件服装，以及服装之间如何关联才能打造一个具有统一感的系列。

DEVELOPMENT FOR OUTFITS 4&5

上图：阿里特斯·科莱基·纽曼（Beatrice Korlekie Newman）的极富启发性的创意，以俄罗斯沙皇和《一千零一夜》为主题设计的针织服装系列，综合使用了编结和钩编的手工艺。

左图：采用与上图相同的主题，用一系列高档纱线创作了优雅而现代的服装作品。

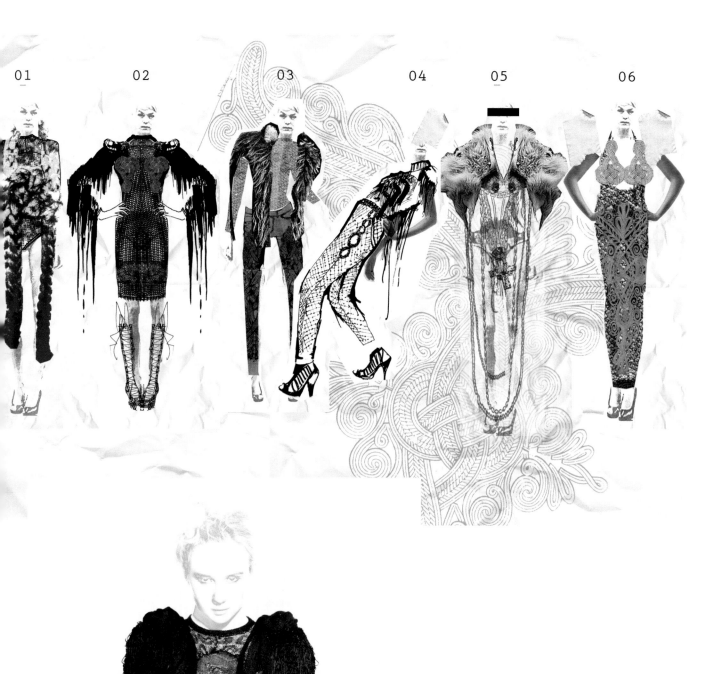

01　　02　　03　　04　　05　　06

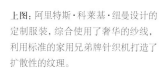

上图：阿里特斯·科莱基·纽曼设计的定制服装，综合使用了奢华的纱线，利用标准的家用兄弟牌针织机打造了扩散性的纹理。

左图："沙皇和一千零一夜"主题的服装效果图，展示了面料开发和肌理设计时采用的对比原则。作者阿里特斯·科莱基·纽曼。

流行趋势预测——时装和针织品潮流预测

时尚每一季都在变化,不断推出新的廓型、风格和细节。许多设计师通过参考潮流预测来获得色彩和主题方面的指导,而另一些设计师则依靠自己的直觉,他们根据直觉使用颜色,创造纹理,决定针织结构和造型,通常还会参考他们上一季收集的有关资料。在设计过程中,你需要留意针织服装和时装设计的新趋势。还应该研究商业设计时针织服装所需要考虑的款式和造型,时刻关注技术和纱线的新发展,以及行业内的一切动态。

当季的流行趋势方向会给你的设计主题、色彩、风格和造型提供新风貌和新思路。潮流预测是基于对上一季的时尚和纺织趋势方向、时装秀、街头时尚、零售趋势、人口结构、消费者生活方式,以及社会经济的变化等方面进行仔细分析后得出的结论。潮流预测为全球市场提供了一个重要的视角。许多公司与社会学家和心理学家并肩工作,因为他们能够帮助分析消费者的消费趋势和生活方式。

时尚预测是一个非常有竞争力的行业,研究和预测国际季节性流行趋势的工作要在新产品进入市场的前18~24个月进行。趋势分析信息适用于时尚界、纺织行业、室内设计、化妆品行业和制造行业,通常会提供主题故事指南、指导调色板、款式、细节、面料、印花、纱线、辅料趋势和平面设计理念。有很多公司提供预测服务,他们可以在季前提供季节性款式预测——有些服务商提供每年两次的预测(秋冬和春夏),也有一些服务商则对千变万化的时装、纺织品和零售界做每月一次的评析。

有许多预测公司针对不同的市场出版专业的潮流预测书籍,包括女装,男装,童装,青少年市场,针织服装,婚礼服/晚礼服,修身/女性内衣,运动服,针织、梭织和印花面料,鞋类和配饰等。流行趋势信息通常主要被高街设计师、制造商、零售商、设计师买家、广告和营销公司等所采纳,这样有助于他们了解时尚的方向,通过预测帮助他们确立未来的销售目标,制定营销计划,了解市场变化和消费需求。潮流预测书籍出版的同时,许多预测公司也在网上发布定期的潮流报告、新闻和资讯,这些都可以订阅。

专业的针织品流行趋势书籍报导了行业内的任何一个变化,通过纱线和纺织制造商对新的纤维、纺织品、纱线、面料和辅料的介绍,推出了新主题和新的色彩故事。通常至少会推出四个季节性的主题。如2013年在上海和纽约举行的春夏国际流行纱线展会,这是推广纤维、纱线、针织品和针

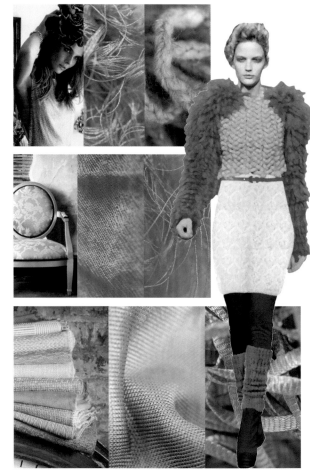

织面料的国际贸易大会,命名为"万能转换",包容性极强,推广一系列的流行趋势。提供了四种完全不同的调色板和主题:宇宙转换、水生转换、文化转换和游牧转换。这些主题指出了我们周围的环境在获取灵感方面已经日渐枯竭,鼓励人们要"进一步观察新世界,进入太空、水下、艺术和隐藏的文化",来寻找灵感的源泉。

许多关于流行趋势的书籍都包含了纱线、面料和辅料的样品。确定了当季的主要纱线、成品外观、组织结构和装饰处理,并配有可供参考的调色板(例如潘通色卡就是颇具权威性的色卡),提供了最为精准的可相互参照的全球统一的色彩。

有许多国际潮流预测公司,包括全球时装网(WGSN)、卡林国际(Carlin International)、Nelly Rodi、Peclars、Sacha Pacha、Sacha Pacha、Nigel French、Trendstop.com和Style.com。本书的最后部分列出了更完整的趋势预测公司名称和详细的联系方式表。许多潮流咨询公司会提供具体的统计数据和广泛的市场分析、出版物和报告,通常会与在线预测趋势服务和时装秀同步报道。提供的其他服务还包括在展会或商务会议上直播最新的流行报告,以及定期出版简报来报道季节中期更新的动态和商业新闻。

行业杂志、出版物和网站能带给读者很多商业信息。他们通过最新潮流报告,定期更新行业内部的发展动态,涵盖的内容包括国际时装表演、大事件日程表、国际贸易展览和会议、论坛、销售数据、专题等。优秀的期刊杂志有:英国的*Drapers*(《服装商》)、*International Textiles*(《国际纺织品杂志》)、*Textile View*(《纺织品展望杂志》)、*View Colour*(《时装时尚》)和*Women's Wear Daily*(《女装日报》)。

第51页到55页的图片是2012/2013秋冬SPINEXPO纺织面料趋势,列举了主题、色彩方向、纤维、纱线、面料、辅料和高科技纺织品等。预测的每一个趋势同时提供关于灵感的主题说明。

创意构思与勾画

  无论是根据流行趋势还是凭借自己的直觉构思你的设计理念,都要考虑最初的主题灵感。分析你的调研素材、主题板、纱线的选择和面料创意,仔细考虑有关创意的各个要素和所收集的资料素材。你可能想对某一个造型做更深入的开发,例如,一片叶子的造型可能演绎成礼服的上衣身设计,利用蕾丝针织面料包裹身体,或者将昆虫的翅膀演绎成风琴褶的袖子。观察造型、轮廓、尺寸、比例、协调和对比的色调,进一步探索细节。从你的图形资源材料中选取一两个主要的特征,将它们进一步开发,转换成面料或者服装的造型。在创意构思过程中,要保持思路开阔,大胆创新,让创意水到渠成地呈现出来。

  开始设计一件针织服装时,要从考虑它的基本造型开始。最简单的毛衣由四个衣片组成,其中两个前片和后片,另外两个是袖子。这四个衣片构成了落肩袖、一字领口的毛衫基本款。前后片与袖子连接处不需要塑型,形成了一个非常容易编织的形状,非常适合各种色彩搭配和编织图案的实验。这个基本款的毛衣可以根据你的针织技术进行调整或改变,让你充分了解如何转换你的设计思路。

  本书中的许多设计都采用了简单的廓型和复杂的图案与细节,并配有令人兴奋的色彩组合和编织图案。如果你是首次设计,建议你保持简单的服装外形,把注意力集中在图案和色彩的运用上,因为复杂的廓型会破坏图案的效果,使整体显得过于繁琐,所以最佳的效果通常是使用最简单的造型来实现的。

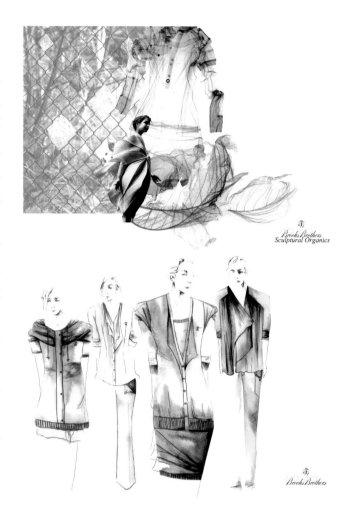

上图和下图:主题板、设计开发图和工艺图,展示了设计师艾米·科莫基(Amy Komocki)设计构思的整个过程。

可以采用很多方法来勾画你的设计思路：

◆ 使用服装人体模板沿外边绘制，同时改变和调整你的想法，在构思的过程中可以自由地思考服装的廓型。

◆ 利用杂志广告和照片把你的想法拼贴到人体上，以表达你的理念。

◆ 徒手绘制设计草图，既可以画一件服装的造型，也可以画一个人物草图。

◆ 立体造型——把织物或者造型纸披挂在服装模特或者服装人台上，来探索体量和造型。

用摄影机或者复印机来记录你设计过程的每一个环节，以便于今后工作时作为参考和进一步的研究，这是非常有用的。

基本款落肩式，罗纹领套头毛衫，是当今最流行的款式，它令人想起了20世纪50年代"邋遢乔"的风貌。只要改变服装的长度、领口、袖山、袖长、袖口、罗纹和口袋细节等，就很容易改变这个基础款设计。你可以利用下图作为基础模板，在开发设计过程中一步一步研究探索你的设计思路。

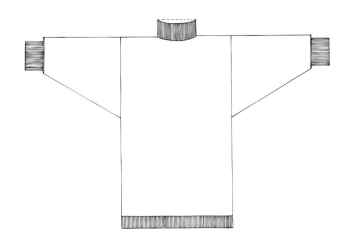

上图：基本款的落肩袖套头毛衫包括形成服装前身和后身的两个衣片，另外两个作为袖子，比较窄的地方是手腕处。

下图：蕾切尔·修森（Rachael Hewson）探索设计创意和理念的开发手稿，她的作品曾在Textprint获得奖项。

在设计的开始阶段，总要尝试设计开发草图。根据主题理念和最初的草图、图片和拼贴素材，获取廓型的概念。这是一个把你的想法画下来的过程，逐渐变化原始设计中的一两个元素，从而衍生出一个系列概念。要考虑所有设计元素——服装的前身、后身、侧身，以及细节。在设计过程中，一旦你根据原始设计勾勒出了几种思路，你就会发现设计是如何成型的。随后你就可以对你的作品进行完善和编辑了。

使用这个简单的过程，你可以获得一系列的造型和创意，在后续过程中会多次用到它们。每个设计师都有自己最喜欢的风格路线。你会发现在杂志上收集服装图片非常有用，在进行设计时可以作为参考素材并从中获取灵感，使你在造型和细节设计方面视野更开阔。

上图：合体、性感、华丽的黏胶针织服装，出自马克法斯特（Mark Fast）2010/2011伦敦时装周的秋冬作品发布会。

下图：受冲浪文化的影响，劳伦·萨尼丝（Lauren Sanins）为春秋"胶囊"系列设计的现代紧身针织套衫。

HELMUT LANG

风格目录

　　下列图例选择并列举了一些经典的服装款式和各种袖型、袖口和领口的变化。这些都仅仅作为你设计的指导，但是它们可以帮助你开启你的创意构思过程。

出自中国台湾针织服装设计师陈劭彦2010/2011秋冬"波浪"系列，她利用合成纱线，结合羊绒和莱卡面料，制成全白的连衣裙，对体量和结构进行探索。

廓型分类

T型廓型

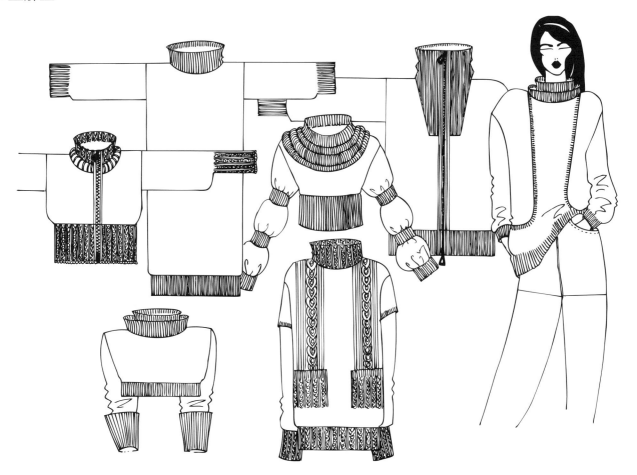

棒针编织的T型连衣裙，以夸张
的桂花针编织衣身部分，设计
师：陈劭彦。

茧型廓型

喇叭型廓型

和服型廓型

口袋

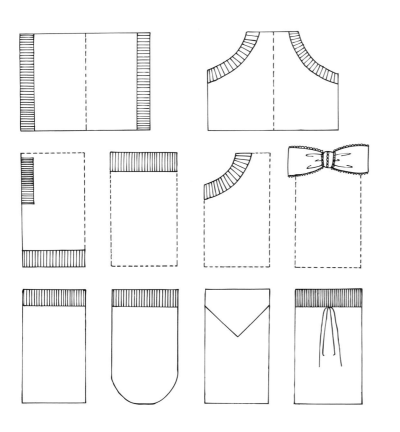

扣子

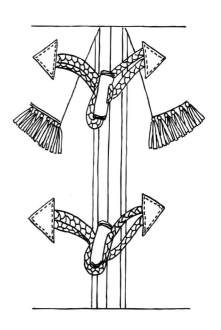

领口

衣领的设计细节展示了全成型服
装的特征。设计师：汉娜·里斯登
（Hannah Risdon）。

肩部和袖窿

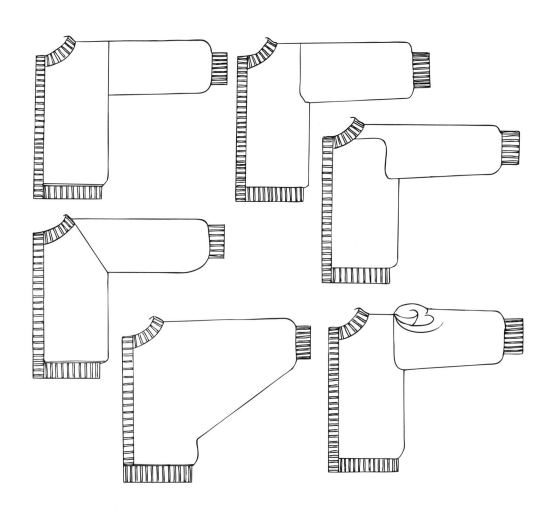

袖口

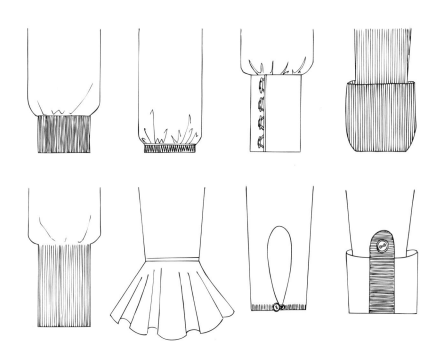

下图：这件女装的设计细节在于粗绳编结的宽松肩部设计。出自斯坦·拉菲尔德（Stine Ladefoged）的2010/2011秋冬作品系列"蛹与蝶"。

右上图：建筑风格的针织服装，出自桑德拉·巴克伦德（Sandra Backlund）2009/2010秋冬作品系列"控制 C"。

右下图：针织服装与羊毛毡的组合，设计师：莫妮卡·黄（Monica Huang）。

具有垂坠感的细针针织上衣，
带有辫子状领口细节，出自斯
坦·拉菲尔德2011年春夏作品
系列"幻想"。

建筑结构风格的箱型针织上衣，面料具有立体感，带有明显的边饰对比，来自缅甸设计师史蒂芬·奥秋（Steven Oo）的秋冬设计。

细节

　　针织服装的设计既可以非常传统也可以不断创新,如图所示的村松敬(Keiichi Muramatsu)极富创意的作品,她解释的理念是"服装是画布,材料是画笔,设计师用无限的想象力来创作"。

左页图: 高腰的花式针织褶裙,出自史蒂芬·奥秋2010年秋冬作品。

下图: 注重色彩、肌理、结构和层次方面的细节创新,这个服装系列出自日本的村松敬于2005年与关典子(Noriko Seki)共同创立了的品牌"Everlasting Sprout"。

服，以及围裹式服装，将柔软的针织结构与反差鲜明的织物面料结合在一起。亚历山德拉以她错综复杂的服装细节而闻名，她对身体的各个角度都感兴趣，将对比鲜明的廓型搭配不对称式裁剪和意大利式裁剪。

你如何描述你的风格？

我的风格是将霸气与优雅生动地结合在一起。我喜欢反差，形式和材料之间的反差是我的个性。我喜欢把剪裁硬朗的不对称男夹克搭配金光闪闪的弹力丝绸和含有锦纶丝的羊毛来获得可塑的质感，将高科技面料和与其截然不同的面料结合产生冲击力，从而达到生动的效果。

面料对于你的作品来说有多重要？

我在同一件或同一套衣服上使用有趣的对比鲜明的肌理，例如，马海毛网眼织物与绢纱结合，浮雕花纹的针织面料与含有锦纶丝的羊毛结合。

你的设计通常通过体量来展示廓型，你在服装设计中是如何创造体量的？

廓型总是受体量的限制，每件服装在造型上对比鲜明，从而使人印象深刻。纤维和面料的选择决定能否产生体量感，例如纸纤维产生雕塑的体量从而获得动感，皮夹克带有两三个领子或者不同的袖克夫，那些不等的线条产生了层层叠叠的错觉，丝绸裙的体量感和动感体现了女性既果断又琢磨不定的气质。

你如何形容你设计的服装的廓型？

许多廓型都是有意为之，我设计的服装在穿着方面具有多功能性，例如一个拉链可以把袖子转化成帽兜。

你的作品在全球推出么？

是的，在全球推出，此季秋冬作品，我将在巴黎和米兰推出。

你自己还会进行调研与开发么？

是的，服装开发工作对于我至关重要。我的个人调研涉及探讨不同寻常的形式和动态，探索新的技术解决方案、处理和运用面料，这些使我的作品更加深入。

案例学习

亚历山德拉·玛奇

出生于托斯卡纳的时装设计师亚历山德拉·玛奇 (Alessandra Marchi) 在意大利同时从事针织与梭织服装设计与制作。获得了外语学位之后，她开始在服装界打拼并且创建了自己的服装品牌"Rose & Sassi"。

2008年，她以自己的名字"Alessandra Marchi"命名推出了自己的春夏时装系列，并且越战越勇，通过Elle和Vogue等杂志获得了国际媒体的报道，亚历山德拉设计的服装系列销往世界各地，例如东京、纽约、洛杉矶、三藩市、墨西哥、伦敦、米兰和波兰等地的精品店均有销售。

她的作品风格独特，她的设计手法融合了传统手工艺与前卫的概念。她的服装探索了廓型、结构和动态，用柔和的雕塑状多层次造型包裹身体。她结合了面料和纱线的感官与触觉特质，诸如弹力丝绸、亚麻、纯羊毛、开司米和工艺性面料，实现奢华的舒适与精致感。她设计的作品从夹克衫、紧身裙到羊毛衫和茧型西

上图：不对称多层次围裹式针织服装，利用了面料的对比，出自设计师亚历山德拉·玛奇。

下图：结构柔和、具有层次感的连帽夹克，结合了针织、皮革、梭织面料和厚重的拉链细节，出自亚历山德拉·玛奇2010/2011年秋冬发布会。

第3章

色彩与肌理

针织设计师是面料的缔造者,纱线的选择对于织物的开发至关重要。这一章阐述了纱线选择的重要性,以及色彩和织物组织的运用,列举可用的纱线类型,从天然的、合成的、混纺的到一些特种纱线的识别。与纱线的选择密切相关的是色彩和肌理,所以本章节还会阐述从灵感来源的材料中发展色彩调色板和主题思想的实践,探讨色彩预测在服装和设计中的作用。最后还着眼于如何通过表面处理、传统的和非传统的三维技术来创造肌理和结构。

第76页图: 出自2010/2011年三宅一生高级成衣发布会,作品明亮生动,使用绿色、淡紫色、紫色、海军蓝、达特茅斯绿、波斯红和杏色组成的多层次褶皱结构的环圈针织物与具有垂褶和抽褶细节的黑色裤子形成鲜明的对比。

本页图: 独特的设计来自米索尼(Missoni),一个意大利家族股权针织公司,以古铜色、红棕色和深栗色组成了极具吸引力的色调,配合紧身运动套衫、罗纹,以及使用大量流苏装饰的毛衫结合在一起形成了多层次的肌理。

了解纱线

当今可供选择的纱线种类繁多，有各种各样的成分、色彩和质地。纱线制造的进步催生了新的、与众不同的纱线的开发，这些纱线可以从零售商店、网店或者直接从生产商家购买。设计师首先要对各种纱线的特点和结构有充分的了解，同时也要学会区分不同纱线之间的差别，各种纤维成分在纱线中的含量，纱线的股数、结构，以及后整理都可以极大地影响成品织物的手感和外观。

纱线纤维

纱线由短纤维或长纤维（长丝）组成，它们被纺成纱，加捻或黏合在一起形成连续的线或者纱。这些可以是天然纤维，人造纤维，也可以是合成纤维。

来源于动物的天然纤维有羊毛，例如安哥拉山羊毛，开司米，马海毛，羊驼毛，美洲驼绒，美利奴羊毛，驼绒，还有丝绸，麝牛绒和负鼠皮毛。每一种纤维都各有特色，例如马海毛就是一种非常耐用的的纤维——虽然很轻，但经久耐穿，具有良好的保暖性能和极佳的弹性。这种纤维染色性能好，并且不易掉色，往往用于华丽的宝石色调。开司米，来自克什米尔山羊绒，是一种比马海毛细得多的纤维，漂亮柔软，垂感好，为此享有奢华纤维的美誉。

天然纤维的植物源包括棉花、亚麻、苎麻，以及一些不常见的纤维来源，如竹子、玉米、大麻、大豆丝、香蕉、拉菲亚树和海藻等。亚麻来自亚麻植物，由于其凉爽的特性，成为春夏时装的流行面料。它是一种非常结实和粗犷的纤维，然而由于它弹性小，通常与其他纤维，例如棉、黏胶纤维和人造纤维等混纺使用，从而形成一种时尚、凉爽、舒适并具有良好吸湿性的纱线。亚麻可以织成挺爽的面料，因为它们可以显示出清晰的线圈轨迹，适用于网眼织物、绞花或花式针织。人造纤维或合成纤维包括涤纶、人造丝、腈纶、尼龙、仿羔皮呢、化纤花式裘皮纱线（针织时能自然生成同色条纹的五彩缤纷的花色线）、金属丝、人造丝、合成纱线和一些新颖的纱线，比如卢勒克斯（金银线）。人造纤维通过化学加工处理并通常与其他纤维混合从而改善和提高纤维的特性。腈纶就是一种最常见的合成纤维，它通常与涤纶、羊毛和棉混纺。典型的混纺比例是60%纯棉混纺40%的腈纶，或者60%腈纶，20%的羊毛和20%的纯棉。腈纶重量轻，往往以新奇的肌理出售，例如有特色的纱节、毛圈或者仿羔皮呢效果，或者像绳绒线那样结实，带有斑点和大理石的颜色。纱线也可以通过混纺纤维或纱线而开发。混合纱线的制造最初是为了综合所选择成分纤维的优点。混纺纤维还能降低

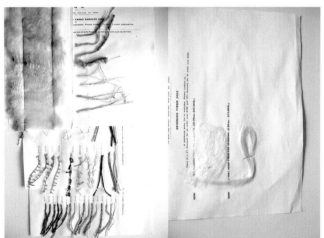

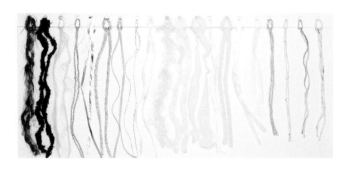

最上图和中图：对结构和形式的试验在尼基·加布里埃（Nikki Gabriel）的设计中起着至关重要的作用，其"Artisan"作品系列都是她工作室手工制作的。

上图：一组纱线。

成品的成本或者增强其性能特色——例如增加弹性，提高定型效果，使纱线容易打理，改善手感，提高生产效率，创造良好的染色性能，提高抗静电性能，或解决诸如阻燃等安全问题。

近年来，人们对天然的、符合道德准则制造的有机针织纱线的兴趣越来越浓。这些纱线在制造过程中，采取了精心的护理措施，以减少对自然环境的影响和对有关动物的伤害。例如，这些纱线的包装尽量简化，使用可生物降解的包装袋，以此体现纱线公司的精神。

近年来，基于一些原因，天然纤维的使用开始回暖：

◆对可持续发展的议程以及对促进生态和道德友好生活方式选择的日益关注，导致了人们开始放弃过度使用化学物品的趋势。许多天然的混纺纱线被引入市场，例如安哥拉山羊绒和蚕丝。海藻纤维的纱线是另一个例子，它是用海藻纤维和蚕丝混合制成的，其奢华的光泽是编织蕾丝的理想选择。

◆许多用来生产人造/合成纤维纱线的不可再生资源的成本日益增加，导致制造成本的增长。

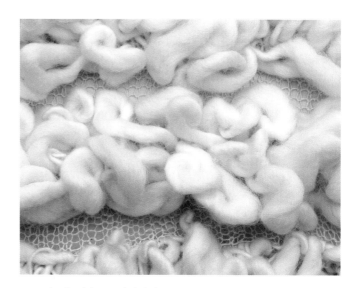

上图：卡罗尔·布朗2012年发布会服装作品的细节图，采用了100%的中国丝绸和山东绸，在肌理上形成对比，同时探索了服装中的拼贴工艺。

上左图："草原的梦想"由普拉基弗夫（Pluckyfluff）的创始人莱克斯·伯格（Lexi Boeger）创作，极具创意、另类的手工纺纱线，采用了手工染色的冰岛白色羊毛纤维、刺绣蚕丝面料、花朵、橡胶樱桃和娃娃。

上右图：极具创意、具有肌理感的手工纺艺术，也称为"艺术"纱线，采用奶油纤维、网眼蕾丝制作而成。作者：莱克斯·伯格。

纱线的股数

纱线的股数是指纺成纱线的单根纤维的数量，决定了纱线的粗细和克重，在手工编织时通常表述为2股，3股，双面针织，阿伦羊毛织，粗的和超粗的。纱线的范围从超细超轻克重的蛛丝细度，如1~3股纱线，这是蕾丝编织的传统首选，到另一种极粗的12股纱线。如果你小心翼翼地解捻拆开纱线，你就能够数清这些股数。但这并不代表纱线的克重，因为4股线可能是4根非常细的纱。纱线也可以纺得非常紧致，这样就会有更细腻光滑的外观。

纱线的后处理

有很多后处理技术可以用到纱线的最终制作程序中，用来提升纱线的肌理、外观、手感和触觉，或者为了提高其性能和安全性。后处理手法包括染色、漂白、丝光（增加线的光滑和光泽度）、纱线捻度设置、抗摩擦、阻燃和防静电处理，以及热调节性能等。

如何选择纱线

综上所述，进行一项设计时，仔细考虑所选纱线的优点和缺点非常重要。比如，细的纱线通常悬垂感好，非常适合做轻薄的夏季服装，或者带有褶皱的设计感很强的时装，相反，粗羊毛纱则更适合暖冬的绞花设计。

有许多网店出售各式各样的纱线，包括天然纱线和有机纱线。近几年越来越多的小公司和企业生产和出售一些手工纺织和染色的特殊纱线，也有一些大工厂纺织和销售它们自己品牌的纱线，还有一些公司经营各种流行品牌的纱线，以及各种专业的花式纱线。

各种纱线都要清楚地贴上标签，列出纤维的成分、规格、密度，以及颜色染料批号。当购买相同颜色的一束线，一轴线或者一团线时，一定要检查每个商品染料批号是否一样。看一眼也许几个线团的颜色是相同的，但不是同一时间染出的纱线，颜色不会完全相同，编织成成品时就会非常明显。

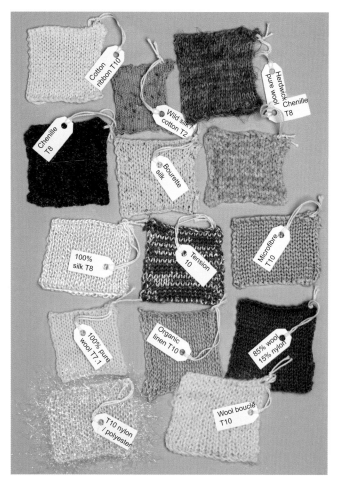

上图：制样和开发纱线是设计过程中重要的一部分，能充分了解纱线在设计中的特性和适应性，选择最佳的规格。工作时非常有必要给样片加上标签，标明纱线类型、密度和组织结构等细节。

选择纱线时考虑以下几点：

◆季节——春、夏、秋、冬

◆为谁而设计

◆服装或纺织品用途

◆价格范围

◆纱线的性能和特点

◆所采用的组织结构

色彩

　　在针织服装的设计中,色彩起着重要的作用。一些设计使用素色,侧重于造型、廓型和细节的设计,而另一些设计则通过色彩来增加其吸引力。作为一名设计师,无论你具备哪方面的经验,你都可以通过仔细选择色彩来设计面料。甚至简单的组织结构也会因为不寻常的色彩搭配而变得更加有趣。每个人对色彩的认知不同,有必要做一些实验,因为这会帮助你更好地了解色彩理论,让色彩和色调更好地结合在一起。花时间了解色彩将会使你更具洞察力,在设计时激发新的想法。

左图:灵感来源于色彩,通过探索和试验单色调、对比鲜明的色彩设计,以及通过拼贴条纹图案、织花图案和彩色包装纸来试验不同的色彩比例,以此创建不同的色彩方案。

上图:使用柔和的色彩组合来设计服装和相关配饰,作者:英国针织服装设计师尼基·汤姆森(Nicky Thomson)。

色彩的含义

如本页和下页的四张图所示, 色调变化多端。在大多数国家, 色彩都有一定的象征意义, 尽管文化背景不同意义也各不相同。通常色彩也与情绪、情感和想法相关联。例如:

红色: 浪漫, 热情, 火热, 温暖, 危险, 活力。

红色调: 鲜红色, 深红色, 深紫红色, 邮筒红, 玫瑰色, 紫红色, 洋红色, 酒红色, 樱桃红, 橙红色, 褐红色, 深褐色, 雀红色, 柿子红, 宝石红, 铁锈红, 覆盆子红, 朱红色, 棕红色, 威尼斯红和珊瑚红。

绿色: 环境, 树, 植物, 大自然, 春, 和平, 翡翠, 玉石, 嫉妒。

绿色调: 深绿色, 翡翠绿, 深水绿, 柠檬绿, 黄绿色, 草绿色, 海藻绿, 军绿色, 森林绿, 松绿色, 纯绿色, 鲜绿色, 赛车绿, 橄榄绿, 墨绿色, 蓝绿色, 绿黄色, 松石绿。

蓝色: 大海, 天空, 大洋, 水, 寒冷, 冰霜, 冬天, 蓝宝石, 蓝莓。

蓝色调: 勿忘我蓝, 薰衣草蓝, 松石蓝, 宝石蓝, 冰蓝色, 水蓝色, 海军蓝, 藏蓝色, 法国海军蓝, 淡紫色, 中国蓝, 墨绿色, 粉蓝色, 韦奇伍德蓝, 浅紫光蓝色, 天蓝色, 钴蓝色, 佛青色和天花板蓝。

黄色: 阳光, 幸福, 温暖, 灯光, 太阳, 夏天, 沙子, 沙滩, 小麦, 玉米, 金盏花, 樱草黄。

黄色调: 柠檬色, 芥末黄, 橘色, 金色, 琥珀色, 黄褐色, 土黄色, 橘黄色, 南瓜黄, 象牙色, 米色, 马尼拉信封纸色, 亚麻色, 玉米黄, 麦秆色, 古金色, 毛茛黄色。

自然色: 石头, 蜘蛛网, 金属, 建筑, 城市景观, 冬天, 寒冷。

自然色调: 灰色, 鸽子灰, 深灰色, 浅蓝绿色, 米色, 暖米色, 玫瑰米色, 象牙色, 浅黄色, 奶油色, 柔白色, 牡蛎灰, 沙色, 竹子色和灰褐色。

褐色: 秋天, 林区, 土地, 树皮, 迷彩色, 木色, 冬眠, 咖啡豆, 巧克力。

褐色色调: 调料色, 巧克力色, 桂皮色, 肉豆蔻色, 姜黄色, 泥炭色, 深赤褐色, 咖啡色, 铁锈色, 驼色, 浅黄褐色, 可可色, 浅棕色, 红褐色, 栗色, 榛子色, 古铜色, 熟褐色, 熟赭色, 生赭色, 紫铜色, 浅黄褐色, 灰褐色, 墨褐色。

设计师们坚持不懈地寻求新的个性化色彩方案, 这样能激发他们的创意。下面的每一个色彩板都将色彩与图像联系起来, 并可以作为制样的起点。

顶图: 从沙土色到青柠绿的各种绿色组合, 结合在一起共同打造了一个受大自然想象力激发的色调板。

右图: 在一个色彩组合中可营造统一与对比, 如图所示, 从浅粉蓝到青色、普鲁士蓝、海军蓝和青绿色。

从纯天然羊毛的含蓄中性色调纱线到另人惊叹的色泽
艳丽的花色纱线,如今市场上销售的各种颜色和色阶的纱线
可以说不胜枚举。近年来许多传统染色配方恢复使用,人们
的兴趣点越来越集中在植物的染料种植方面,常用的有靛
蓝属植物,茜草根,红花,麒麟草,洋葱皮,奥色治和靛蓝。
当你依靠大自然提取染料的时候,一定要注意每一批次都
会有色差,尽管如此,我们可以以此为优势,增加纱线或所
制作服装的趣味性。

　　一种获取色彩方案的方法,就是以一幅图作为参照,然
后用相同比例和色彩组合的纱线做试验。大胆使用色彩,你
会惊讶地发现由于色调的比例和强度的不同,一种颜色对另
一种颜色所产生的影响。右面两张图所展示的主题板将色彩
和图片联系起来——将色彩、色调和肌理与图片联系起来,
展示每组色彩的和谐与对比。有的设计师凭靠直觉使用色
彩,而有的设计师则把色彩与季节性趋势联系在一起。

上图:独特而个性化的色调板可以通
过同一颜色的不同色调开发出来,例
如向日葵黄与芥末黄,旧金色、淡黄
色、柠檬色和藏红花色的结合。

右图:这块色调板展示了大幅度的色
调对比,从柔和的婴儿粉到珊瑚色和
丰富的饱和色色调,如邮筒红、深红
色、宝石红和褐红色。

色彩预测

色彩预测对于很多行业都非常重要，其中包括时尚、针织、室内设计、产品设计、汽车工业和市场营销。有许多预测公司和协会提供彩色指导。色彩营销集团 (CMG) 一个国际性协会，它针对产品制造和服务提供色彩预测。全球时装网 (WGSN) 提供全球网络资源，涉及通用的时尚最新信息和色彩方向，包括设计和产品开发，购买和采购。卡林国际 (Carlin International) 提供类似的"创意趋势预测"服务。更多关于颜色预测公司的细节可以在本书的后面找到。

本书第2章（见第54页）所列举的潮流公司会提供趋势预测方面的色彩故事和最新的信息与建议，充分体现未来季节的流行色主题。在时装设计行业，通常需要几个月的时间对时尚与设计行业内的新动向和发展趋势进行探索、发现、理解，然后形成研究结果。潮流预测公司会以趋势出版物的形式提供色彩信息以激发设计师、品牌服装以及消费者们对未来季节的灵感。所提供的趋势预测分成特定的色彩故事，通常以特定的主题和情绪为基础。纱线生产商们参考这些信息开发他们自己产品的颜色范围并生成纱线色卡。这些卡片与趋势信息一起推动色彩和潮流故事，引导设计师朝着时尚的方向前进。

当你开始设计的时候，尝试各种色彩比例进行搭配，创造新的不同色彩组合。色彩组合无所谓对错，没有一成不变的模式——当把有趣的比例放在一起时，通常最意想不到的搭配会起到相得益彰的效果。学习和了解如何使用色彩最有用的方法是选择小缕纱线缠绕在纸卡上，然后按不同的比例进行试验。

这件柔和的粉彩色、带有纹理的针织服装来自2011秋冬米兰时装周米索尼（Missoni）的高级成衣作品系列。

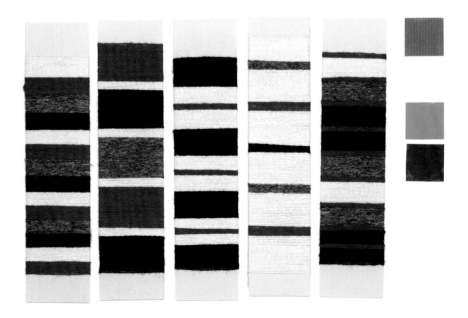

探索色彩比例，把选择好的少量纱线缠绕到小卡片上来显示在使用一种颜色时所重点强调的效果。

彩色条纹

在设计中如果使用一种以上的颜色,最简单的方法是使用不同宽度的彩色条纹。条纹可以通过微妙色彩的组合创造而成,条纹之间很难区分,或者也可以使条纹之间对比鲜明,使用反差大的鲜艳色彩创造而成。

如果使用手工编织或者使用家用机器编织条纹,最好的办法是从末端开始编织,然后在收尾时用机器将它们织起来,这样会省去很多工作时间;而且收尾会很牢固,只在反面显现出线头。

米索尼 (Missoni) 是意大利的针织服装品牌,以生产令人惊叹的针织服装而闻名,其特色是标志性的条纹和复杂的几何图案。米索尼的设计展示了以色彩的运用来表现创造力。索尼娅·里基尔 (Sonia Rykiel) 也是个大名鼎鼎的设计师,她的针织服装设计使用千变万化的色彩和极具趣味性的条纹图案。

上图:汉娜·布斯威尔(Hannah Buswell)的拼贴艺术作品,作为色块条纹织花图案服装系列的方案构思。

左图:结合大胆图形设计的当代超宽松针织上衣,鲜明的条纹搭配嵌花图案,作者汉娜·巴斯威尔。

上图:使用大量缤纷亮色的多色针织服装,设计师索尼娅·里基尔以“针织女王”而著称。这是她的2010/2011秋冬作品。

Electronic Sheep这个爱尔兰/伦敦的针织服装品牌，由安丽萨·邓恩（Brenda Aherne）和多罗丝·哈格曼（Helen Delany）共同创建，她们擅长设计配饰，特别是带有醒目色彩图案的帽子和围巾。

设计开发过程展示了标题为"心声疑影"男装系列的最初概念,灵感来源于"跨界车的铁轨"和"希区柯克的电影"。出自针织服装设计师吉纳维芙·斯威尼(Genevieve Sweeney)。

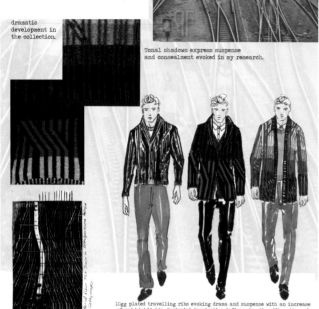

ng ribs inspired by criss crossing train tracks.

dramatic development in the collection.

Tonal shadows express suspense and consealment evoked in my research.

10gg plated travelling ribs evoking drama and suspense with an increase of red highlights. Sartorial inspiration influencing the silhouette and styling of the outfits.

Directional engineered ribs

SHADOW OF A DOUBT

FINAL COLLECTION

SHADOW OF A DOUBT

2012年1月21日在巴黎时装周上,模特在展示2013年高田贤三秋冬男装系列的作品。

下图:大胆的、不同宽度的灰色和米色的几何图案条纹红色亮点,由安丽萨·邓恩丝·哈格曼为2011/2012年装展联合设计。

费尔编织/提花设计

　　费尔编织与提花是指在一行编织时使用两种或者两种以上的颜色，并且在整件服装中完全重复设计的方法。传统的手工费尔编织技术源于设得兰群岛之一的费尔岛。然而这种织法非常松散，通常适用于手工和单针床编织。手工编织的费尔岛图案可以使用环形针在圆内编织，或者也可以使用两根或两根以上的针编织线圈，并将每一种颜色沿着这一排编织成一种重复的图案，这样相对来说比较耗时。机织的费尔图案就比较快，因为可以事先选好打孔卡或者设置好编织程序。提花编织要在双针床上进行，效果看起来和费尔编织类似。

下图左：休闲的、具有层次感的针织男装系列。设计师米索尼（Missoni），运用的是锯齿形与格子条纹交叉的双重图案设计手法。

下图右：凯文·卡德（Kevin Kramp）设计的超大号针织男装，探究了造型、色彩和质地，在各种色彩的提花图案编织中，使用了马海毛、羊绒、羊毛、棉花、丝绸和尼龙等高档纱线。

尝试费尔编织和提花技术

关于机织提花和费尔编织的最基本方法,要阅读机器手册,使用预打孔卡片进行不同技术的试验。熟悉打孔卡,运用不同的颜色组合,不同粗细和型号的纱线来制样,还可以尝试光滑的纱线与有纹理纱线的组合。可以把费尔岛设计用做整件服装的图案,也可以放在服装的下摆、边缘设计上,或者用于一个衣片上;增减或者缩小图案的尺寸,又会生成许多设计的可能性。记住在工作时要注意选针装置。在这个尝试阶段可以帮助你全面熟悉和理解费尔编织的多功能性。

注意机织费尔毛衣时会在织物的背面产生浮线,这种情况在手工编织时就不会遇到,在你工作的时候,手工织物的背面会编织得很整齐。小尺寸设计的机织费尔织物的浮线只会穿越两到五针,不会产生任何问题。然而大尺寸的设计浮线比较长,会穿越数针,很容易挂套,穿着也会比较麻烦,特别是那些儿童针织服装。为了避免难看的浮线,就要改变你的设计,可以缩短浮线的长度或者在编织过程中锁定它们。这种手工锁住浮线并将其挂在相应针上的技术,因为纱线穿过织物被拉紧可能产生褶纹。一种方法是给你的针织服装加里衬,使内里整洁,也会给你设计的服装增添温暖和奢华感。然而衬里只适合某一种服装,例如外套,夹克,裙装和冬天御寒的服装等。

提花针织创造的是一种更稳定的织物,因为它不会有浮线。这些都被编织到针织机第二个针床形成的织物背面。

上图:费尔编织设计图,既可以手工编织也可以转换成机器编织。

右图:使用对比鲜明的黑色和米色纱线制作的一系列样品,展示了简单的正方形、长方形在几何图案中的应用,突出了简单色彩的对比,强调正形和负形。

下页顶图:创作你自己的费尔图案设计,使用方块、三角形、锯齿形和小图形组成的小型图案绘制一系列条纹。

下页底图:费尔图案设计可以画到坐标纸上转化成手工或机器编织的图纸,也可以转移到打孔卡或编入机器程序使用。

设计费尔图案/提花 图案

　　许多编织者开始设计时会使用方块、三角形、锯齿形和小图形组成的小型图案绘制出一系列条纹。任何重复的图案构成通常都是由简单的造型组成的，这些造型可以用来衍生出很多设计，既可以单独使用，也可以与几何图形组合使用，如右图所示。

　　一旦你获得信心，你就可以开始创建更复杂的重复图案。通常最成功的设计都是由简单的三到七行图案制作而成，重点放在色彩搭配的有趣效果。设计的思路可以参考刺绣、纺织品和编织的相关书籍。这些设计必须适用于你的机器可重复的针数（视具体的机器而定）。创建的设计必须能被你机针重复的数量整除。例如一个24 针的打孔卡，图形或图案在织物上就可以是2,4,6,8或12针的重复来形成图案。或者可以把你的设计转换到坐标纸上供手工编织。

费尔编织的色彩/提花的色彩

　　为了使费尔编织图案或者提花设计的色彩达到最佳效果，在不同层次的对比色中进行尝试是很重要的。例如，为了使设计更有深度，就要考虑引入渐变色，如从红色到樱桃红乃至洋红色。你可以使用鲜明的对比色来创造冲击力。

　　当设计你的打孔卡时，须记住以下要点：

　　◆如果底色是素色，你打的任何一个孔都会编织成对比色。参照如右图所示的简单几何图案就可以顺利完成打孔卡设计，进行简单的整体重复制作。最好把浮线的长度控制在5针之内，否则就必须把它们锁住或者织补上。

　　◆当为机器编织制作打孔卡时，最容易的是在冲孔前标出图案，这样可以避免打错孔和一些很容易犯的错误。在卡片上设计图案时带有有软铅的瓷器描笔非常有用。如果有误就可以用胶带把孔封住及时纠正。也不要频繁使用胶带，因为这样在编织过程中会产生误差。

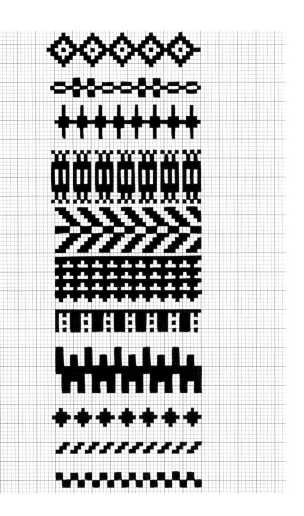

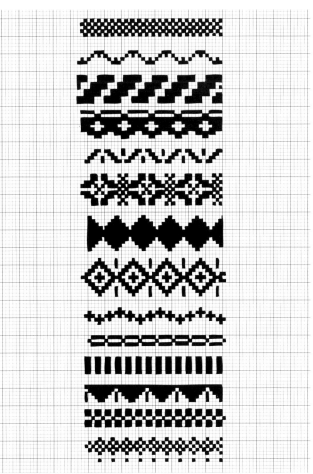

案例学习
布鲁克·罗伯茨

伦敦设计师布鲁克·罗伯茨（Brooke Roberts）曾经在伦敦时装学院学习设计，然后又在中央圣马丁学习创新型纸样裁剪技术。她于2009年创建了布鲁克·罗伯特有限公司，一个崭新的具有远见卓识的针织服装品牌，在探索和挑战针织的过程中，跨界了科学、艺术和针织之间的界限。她既是自己公司的设计总监，也是其他奢侈品牌的设计和技术顾问。

布鲁克的作品因其巧妙的设计方法和对针织结构超强的技术理解力而得到认可。她的设计深受人体解剖学、医学X光射线和CT扫描的影响，从而创作了3D横截面图像。布鲁克的作品体现了她在悉尼大学的学习功底，在那里她曾获得应用科学的学士学位，然后从事放射线技师职业。她的许多设计都将带有19世纪50年代的复古感觉与尖端的科技相结合。由于她在自己的作品中应用了高水平的纸样裁剪技术，她的许多造型都裁剪得非常讲究，既带有有趣的风格线条，也有惊人的细节。

布鲁克设计面料时使用了最新的技术，包括将大胆的图形提花图案与新型的奢华纱线相结合，如羊绒、马海毛、超细美丽奴羊毛、金属的和复古的反光纱线，以及科技塑料等。

布鲁克在伦敦和巴黎的时装周上都举行发布会，并定期接受媒体报道，刊登在*Financial Times*、*Fashion*，以及诸如Vogue.co.uk、Browns、WGSN、UrbanKni和许多国际网站上。

你最初获得的是应用科学的学士学位，在学习时装设计和纸样裁剪之前是一名放射技师，是什么影响了你职业生涯的转变？

放射造影术这个职业很诱人但不够灵活，缺乏自主性。我从小就酷爱时尚，但从未想过将时装作为自己的职业，一直到我搬到悉尼的时候，也就是我攻读科学学位的最后一年，我认识了一些学时装设计的学生并去参加了他们的毕业秀，这时我才知道我想做他们做的事。之后我搬到伦敦，我找到进入伦敦时装学院和中央圣马丁学院学习的途径。现在我把对科技的热爱融汇到了时装中。

你艺术上的最大灵感是谁或者何物？

在医院俱乐部与编导卡尔多·布斯卡里尼和作曲家埃思·培布鲁克的合作，使我萌生了时装表演和跨界艺术合作的想法。我的灵感来自于离经叛道的方式，无论使用来源于X射线的编织，还是通过舞蹈展示服装，都不是传统的T台秀。数字针织技术是最主要的影响；利用数字编程，结合科技和天然纱线，把医学影像转化成针织面料。我比较倾向于展望未来获取灵感而不是回顾过往。

你品牌背后的理念是什么？

以科学为灵感的设计。我的品牌探索科技与时装之间密不可分的特性，在奢华的针织服装中蕴含的是一颗智慧和试验的心。机器人学士是我继"SS12"发布会之后与我的朋友兼合作伙伴里卡尔多·布斯卡里尼共同继续探索的一个领域。

设计一个系列最困难的部分是什么？

针织就其本质来说是复杂的，每一个季节我都使用新的纱线、技术，并试验和开发新的面料，迈向一个新目标。控制预算可能是最困难的环节了。

你如何界定你的设计风格?

运动的—高科技的—奢华。我喜欢亮色,有质感,复杂又简单的感觉。我的目的把极复杂的面料制成轻松自如、穿着方便的成衣。

接受正统学习有多重要?

学习很重要。我不认为非得是正式。无论是在大学里,还是师徒学习,还是成长在家族企业,最重要的是学习的质量和个人天赋,而不是正规的形式。

你对你的事业有何规划?

我目前正为几位科技用户推出布鲁克罗伯特量身定制服务。我会随着女装和量身定制业务的发展、稳固,把目标扩展到男装和开发新的产品线。在未来我的品牌要成为全球品牌。

你成功的秘诀是什么?

勤奋工作、品牌独特、杰出的导师。

你会给那些想创立自己的时装和针织品牌的人怎样的建议?

首先为其他设计师工作,获取尽可能多的经验。做好一周工作7天的心理准备。找一个大牌的导师。

上图:"校准"系列,出自布鲁克·罗伯茨2011/2012年秋冬系列。灵感来源"一个X射线校准胶片的调查",她根据X射线和CT扫描来生成提花图案。

左图:来自2011年秋冬"校准"系列的针织服装设计,探索了提花图案,使用一系列的奢华纱线,并且混合开司米、羊毛、棉线和超细羊毛的毛圈花式线、蚕丝、科技塑料、金属丝和反光纱线等。

保加利亚设计师玛丽
娜·尼古拉维娃（Marina
Nikolaeva Popska）2010年
春夏作品。

保加利亚设计师玛丽娜·尼古拉维娃
2010年春夏多色提花设计，灵感来自
大自然和阳光，混合了夏天的色彩，
融合了青绿色、橘色、珊瑚色和最浅
的粉红色纱线。

南非设计师拉得玛·尼克科纳
（Laduma Ngxokolo）的男装设计
作品，混合使用了当地的马海毛和
美丽奴羊毛，灵感来自科萨人民传
统风格以及丰富的锯齿形图案、钻
石和科萨珠饰的几何图形设计。

左上图：埃拉纳·艾德勒（Elana
Adler）设计的工业针织、手工裁剪面
料，她将设计理念通过色彩、质地、
图案和造型表达了出来。

左下图：这是埃拉纳·艾德勒设计的
工业针织面料，她毕业于美国罗德岛
设计学院。

嵌花设计

嵌花设计是另一种为带有色块的针织服装增添色彩的方法,可以根据设计需要在任何一排上增添尽可能多的颜色。这一技术和费尔编织不同,因为不同颜色是由不同的色块编织而成的,因此纱线不会产生穿过织物背面的浮线。

这是编织几个不同颜色的大面积色块的最理想工艺,可以实现或简单或复杂的设计。例如,编织图像,或编织几何或者抽象的图案、字母、大面积的夸张设计作品等。这种技术的重点通常在于色彩和形状,具有强烈的色彩对比,如下页图中中国设计师杜扬 (Yang Du) 设计作品的巨幅图片。设计中所使用的颜色的数量没有上限。

嵌花编织手工机织均可。使用机器有两种创造嵌花作品的方法:

◆**使用嵌花导纱器**
◆**定位嵌花**

用哪种技术取决于你机器的型号。有的机器带有内置的定位嵌花装置,而有的则需要单独的嵌花导纱器,可以作为配件单独购买。嵌花导纱器是机械的或者电子针织机的附件,它可以替换下常规的针织导纱器,织针会为此技术自动定位到正确的位置。嵌花编织时谨记如下:

◆从导纱器一侧带入纱线,让它们均匀地喂入织针。
◆当一排变化颜色时总会把纱线捻起来,从第一根纱线的后面带入第二种颜色的线。这样就可以防止纱线之间出现空隙。

设计嵌花图案时,先勾画出草图,然后转移并且描制出设计图纸,一个小方格代表一针。但要记住的是编织出的线圈并不是方块;所以如果你用的是方格坐标纸,编织出的图案是拉长的。特殊的编织用坐标纸可以从专供商那里买到。嵌花编织需要耐心和专注,因为设计中加入的颜色越多,编织起来就越困难,越复杂,但却可以达到惊人的效果。

嵌花的密度

当编织一件前身或者后身带有图案的衣服 (比如,袖子是平针) 时,永远记住你需要编织两个独立的方块来计算密度,因为线圈的结构不同,面料密度可能有所不同,需要进行相应的调整。比如,普通平针的编织就会比费尔编织有更宽松的密度。

超现实主义元素的明亮多色嵌
花设计，出自中国设计师杜扬
2010 年秋冬作品。

纹理

所有的针织结构都会产生一个具有纹理的表面,但效果如何取决于纱线的类型、密度、线圈与线圈的结合,以及纱线的性能。一旦你拥有对各种纱线特征的实战经验,了解了线圈与线圈之间的工作原理,工作中就会运用自如。使用下列任何一种都会产生针织纹理:

◆特殊的纱线:毛圈花式线,粗节花式线,绉带,绳绒线,光滑的丝线,绒带线,条带线,人造毛,泥灰纱,丝光和特种纱线。

◆线圈形式:网眼,集圈,编织,挑针,或者各种技术结合的织法。

◆三维立体编织,将凹凸花纹,绒球,针织的褶叶和绞花结合在一起。

◆一些其他表面装饰可以在编织完后再进行添加,比如刺绣,瑞士织补,贴花或缩褶。

◆结合其他工艺,包括手工与机织结合,钩编或者梭织花边。

在设计的创造性方面,每一种技术的潜力都是无限的。针织的一个特点就是总会有一些新的东西被新开发和创造出来。在探索针织及其结构技术的时候,非常有必要尝试不同密度、纱线类型、颜色组合,从而达到最佳效果。工作时做一下记录,以便后续可以参考它们,例如,打样时可以记录下针织的密度和针织图案。

上图:肌理与形式的试验在尼基·加布里埃尔的设计中起着非常重要的作用,她的作品"工匠"系列由工作室手工制作。

中间图:卡罗尔·布朗2012年创造的带有肌理的针织面料样品细节,包括黑灰色柔软马海毛、缎带线、银色卢勒克斯纱线和亚麻加捻股线等。

底图:出自卡罗尔·布朗2012年的服装系列细节图,对不同克重的纱线进行了探索。

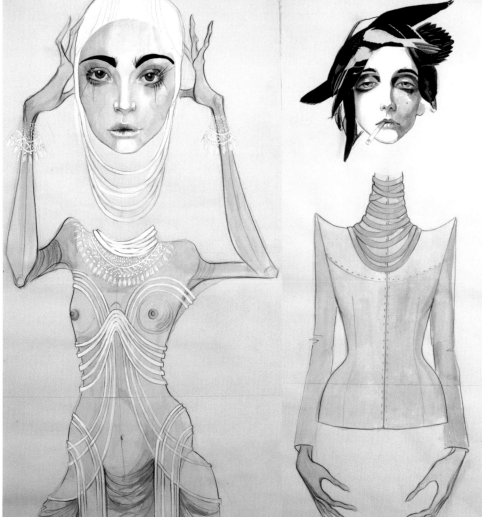

上左图：极具肌理感的设计作品，出自丹麦设计师安妮·苏菲·马德森（Anne Sofie Madsen）的"提基摩尼毛利"系列。

左图和上右图：丹麦设计师安妮·苏菲·马德森"提基摩尼毛利"系列的效果图，受到传统毛利人的浮雕艺术、刺青艺术和螺旋图案的启发，并将其转化为现代作品。

表面处理

针织物的表面可以通过一系列工艺进行处理，如集圈、打褶、部分针织，褶饰效果，以及绞花设计等，无论哪一种技术，都会增加织物的质感。使用单色纱线时这些技术的效果更佳，能突出肌理效果。另外，如果将集圈与费尔岛图案技术结合使用，就需要一系列颜色。

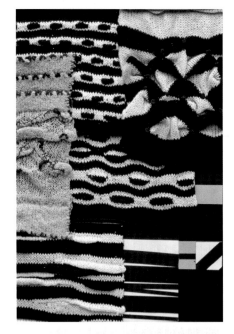

顶图：黑色与奶油色面料板，通过花边、打褶和缩褶的运用，并配以红色刺绣亮点作为对比，探索了织物的表面处理工艺。

上左图：蜂巢组织的效果可以通过在常规点挑起毛线，使用银丝线、泰国丝和毛圈花式丝线编织成一种有趣的双面多功能织物。

上右图：马海毛、绳绒线和纯毛纱线的表面处理使用的是短排褶缝技术。

右图：使用马海毛、雪尼尔花线、绉线和纯毛线，运用针织短行技术制作的有花边织物。

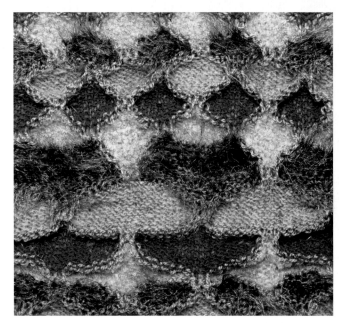

集圈组织

因为集圈组织具有浮雕般的的三维立体效果，并使织物扭曲变形，所以这个组织结构非常容易辨认。集圈组织是把选定的针放在固定位置而生成的。这个操作可以手动完成，也可以通过机器上的选针三角凸轮实现。然后纱线聚拢在这些机针上，产生集圈的形状并移动到织物上。在返回到集圈织针位置之前所有的机针都会沿着正常的工作位置进行一行或者多行编织。

可以编织的行数根据纱线、机器型号、分布的针数、集圈及其图案的构成而定。如果纱线超负荷，线圈就会脱落，所以当穿过集圈行移动机器三角座滑架时一定要多加注意。研究集圈技术，编织样品色板，从而探索每一个集圈设计的全部可能性。使用各种粗细不同的纱线编织各种密度的样片，以便寻求最好的效果。巧妙地运用这一技术，通过精心挑选纱线，搭配颜色，就能编织出各种既有趣又复杂的织物结构。

下图：双色蜂巢集圈组织样片，固定所选的针，继续正常编织其余的结构，产生一个三维立体的集圈变化织物，汉娜·里斯顿（Hannah Risdon）制作。

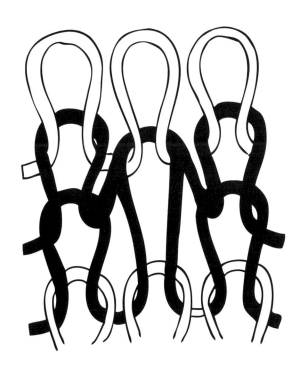

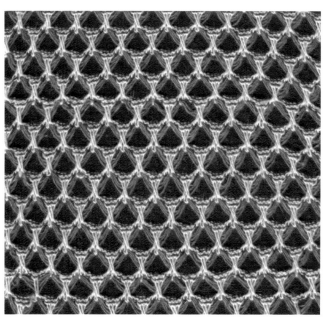

右图：四色圆形肌理的集圈花纹，汉娜·里斯顿制作。

褶饰效果

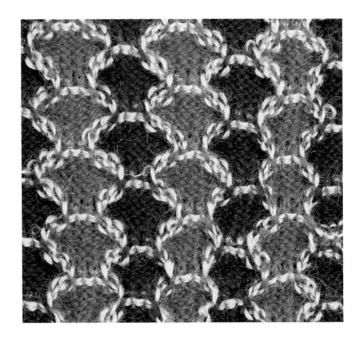

　　另一种处理表面的方法是制作成褶饰效果。用选择好的色彩编织一定的长度，并将组织结构针织起来，用转移装置挑起所选的针。既可以有规律地间隔，也可以随意地挑针。褶饰效果具有立体感，与费尔工艺和提花设计相结合具有特别立体的效果。

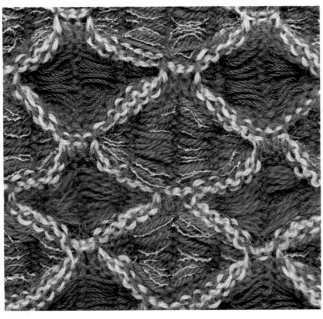

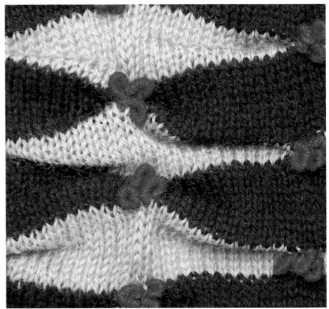

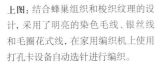

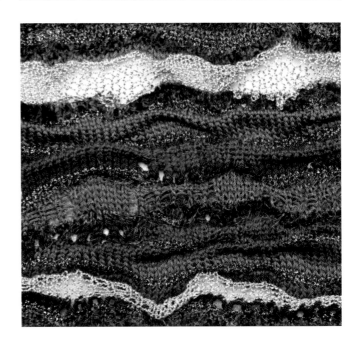

上图：结合蜂巢组织和梭织纹理的设计，采用了明亮的染色毛线、银丝线和毛圈花式线，在家用编织机上使用打孔卡设备自动选针进行编织。

顶图：家用编织机编织的褶饰针织面料，从前一行选针再把它们重新挂到工作着的机针上，从而产生褶饰效果。

上右图：带有褶裥装饰的简单条纹针织，在固定位置缝合并且装饰一组绳结。

右图：由卡罗尔·布朗制作的具有高度肌理感的样品，将不规则的褶饰、细褶和蕾丝细节结合在一起。

细褶、凸条纹和浮雕效果

细褶中一系列的小凸起可以添加肌理效果。使用不同的颜色和质地，它们看起来特别有冲击力，给面料增加了厚重感，也为挑针提供了标线。当一排排的细褶捏在一起，用对比的纱线织补在一起，产生了抽褶的凸起的效果，如下图所示。

也可以通过松垮地编织交替颜色的宽条纹，来产生雕塑效果，如左页中右图所示，在按压后，使用法式线结将它们织起来，形成了类似刺绣的色彩对比效果，创造出既简单又有视觉冲击力的设计。

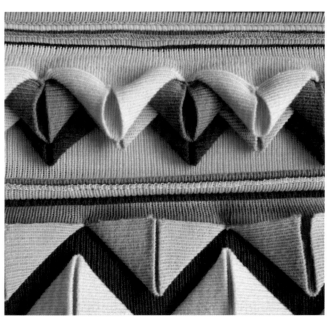

上图：马克·法斯特（Mark Fast）设计的凸条式针织作品。

上左图：杰德·德鲁（Jade Drew）设计的脊状的针织纹理，灵感来源于岩石结构、土层和土著艺术，为了使纹理对比分明，使用了一系列纱线。

下左图：令人惊叹的浮雕般的三维立体织物，受到松塔和种子豆荚的自然结构的启发，出自设计师杰德·德鲁。

上图: 瑞秋 · 休森(Rachael Hewson)
设计的多层肌理的针织服装,运用了
优雅的版型、精致的褶裥、罗纹以及
通过对细节的把控,在同色系中形成
了碎褶和起泡的效果。

右图: 瑞切尔 · 休森用象牙白、纯白和
乳白色的优质纱线设计的垂褶和多层
肌理针织服装。

部分针织或短行针织

部分针织是一种很好的塑造服装造型的方法。它可以用来给裙子或礼服添加一个饰条，使服装更有个性和更丰满，或者给夹克或袖子捏个褶省，给一块平淡的织物加一片不同花型或颜色的针织片，使其更有趣，也可以是一个立体的毛球，前襟的翻褶，荷叶边和装饰镶边等。

这种工艺是指在一行的部分区域对选定的针进行织造。操作时既可以手动选择针把它们放在非工作的位置，或者使用凸轮控制和打孔卡控制，然后预选针来织造。这是服装塑型和面料创造的最有效工艺，可以用来增加丰满度，也可以对面料的一段进行加长，或者形成一个省道，斜切一个角、制造一个弧线或直线的褶裥、荷叶边或饰边等。

把针搁置起来就能在面料上织造一个裂缝，织一行，甩掉那些搁置的针，然后再挂上继续织。手工针织也能产生相同的效果，对选定的针进行操作，然后前后翻转来回织造，可以使某一个部位更丰满或者塑造服装的特定区域，例如袜子的后跟、胸前，或者在袖子上创造一个有趣的设计。

顶图：用有机棉和亚麻编织的褐色和米色织物样本，使用短行集圈织造出三维的立体表面结构。

左图：家用编织机织造的规则和不规则间隔的短细褶和整行细褶，这块厚重质感的面料由卡罗尔·布朗设计。

上图：带有裂缝装饰纹理表面的多色裙装，采纳了部分织造的针织工艺，和基底的面料形成对比。

绞花

无论是手工编织还是机器编织，绞花编结都给织物增加有效的维度和表面的纹理，它可以作为一个设计单独融合在罗纹袖口，或者存在于一整件服装的设计中。许多传统的手工编织的绞花图案都可以被采纳并适合于机器编织。绞花设计可以根据针的安排来描述，比如2×2、3×3、4×4。2×2表示两个交叉的针和两个相邻的针；3×3表示3个交叉的针和三个相邻的针，等以此类推，使用机器转移装置手动工作。根据交叉的针数和针转移之间编织的行数不同，图案也大不相同。

右图：乳白色绞花编织毛衣，设计师
迈克·柯尔（Michael Kors）将单双螺
旋绞花和菱形绞花图案相结合。

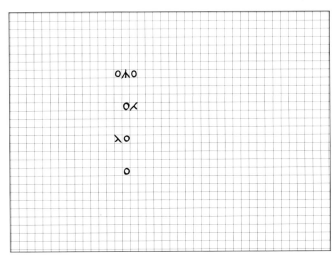

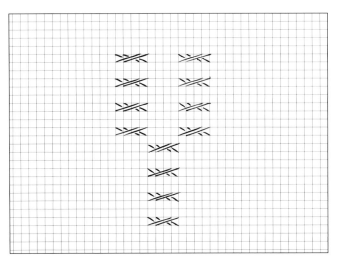

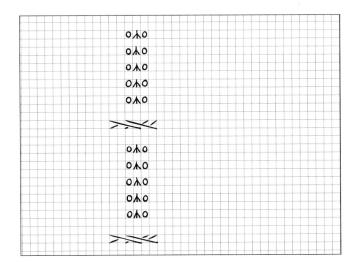

上左图：手工编织的绞花样品，展示了各种各样的绞花设计，探索了在家用单床机上编织绞花的各种针法排列。

上左图，从左到右：

（a）双蛇形绞花

（b）2×2扭结绞花

（c）随行绞花

（d）影子绞花花型

（e）菱形框架绞花设计

（f）组合绞花花型的织物

中间左图：花边和绞花的线圈转移符号。

下左图：装饰性网眼绞花设计工艺图。穿插的针数不同，穿插针之间使用的行数不同，就会生成许多不同有趣的绞花设计。

上右图：2×2螺旋绞花。绞花的宽度随着绞花之间编织的行数而变化。当绞花图案之间距离较近时，绞花的宽度就会变窄，产生了一个非常有趣的肌理效果。

中间右图：2×2扭结绞花设计工艺图。

底右图：双2×2绞花设计，结合竖行梯子图案，增加了整体设计的休闲效果和肌理感。

绞花设计可以是素色, 也可以结合多色的提花图案, 或者选择集圈图案, 或与装饰花边编织结合。传统的绞花设计可以通过加大绞花尺码, 或者把几个绞花合并在一起来产生震撼的效果。

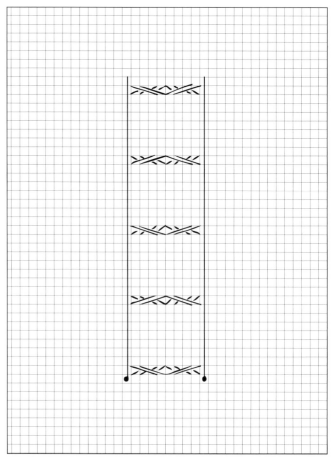

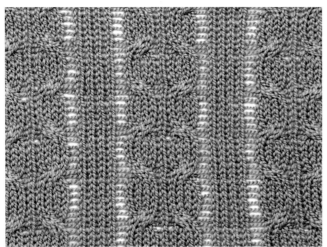

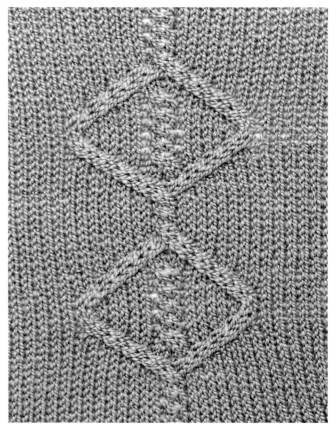

上左图: 基本的3×3绞花设计, 结合纵向脱散行, 具有装饰性, 还增添了整体设计的肌理感, 既可以手工操作, 也可以机器操作。

下左图: 双蛇形绞花设计是在七行针、一行空针的位置编织两个平行的绞花, 产生了梯子的视觉效果, 同时也使绞花图案更加清晰。

上右图: 2×2网眼双蛇形链式绞花图案设计。

底右图: 菱形的绞花根据交错的2×2绞花花型设计。

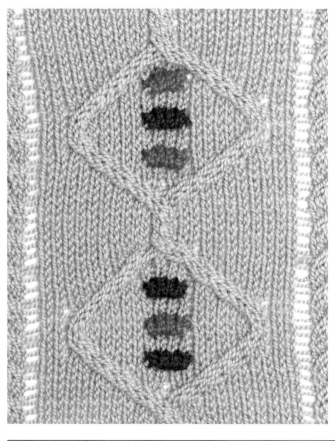

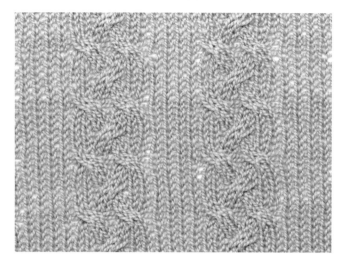

顶左图：中间添加了装饰球的纯羊毛菱形绞花花型的设计细节。

中左图：绞花设计的工艺图。

底左图：把不同的绞花设计结合在一起，不同的绞花结构交错于相反的方向，产生了有趣的错列绞花效果。

下右图：家用单床编织机编织的纯羊毛八针辫状绞花。

底右图：绞花设计的工艺图。

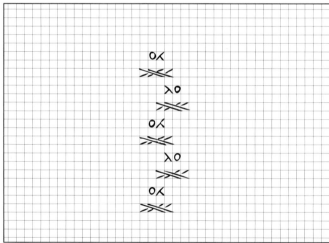

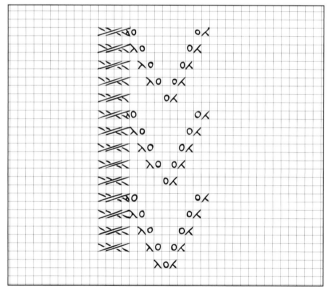

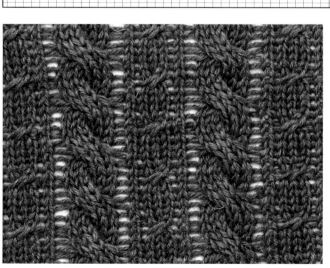

通过探索简单的绞花图案设计来开始制样。如前页的2×2、3×3，在开发和研究复杂的绞花设计之前，给自己增加点知识和信心。绞花设计和花边编织工艺的结合可以产生比较理想的效果。通过仔细规划，研究颜色、纹理和绞花设计的位置会创造出极具创新性的织物。

把编织成一定长度的管状织物编成绳辫，模拟绞花编织效果，然后再缝制在成衣上，设计师伊琳娜·波什尼科娃（Irina Shaposhnikova）。

上图：汉娜·辛普森设计的绞花编织与网状编织肌理的结合。

右图：汉娜·辛普森设计的绞花编织与辫状编织的结合。

孔眼和纵向脱散效果

针织结构中可以融合纵向脱散或者网眼结构,产生特别有趣的效果。孔眼是通过将两针并在一起编织而成的,纵向脱散是把针织机上一针或者几针放在不织造的位置上形成的。纵向脱散效果可以通过仔细的定位来产生生动的效果,或者将其用作基布,穿线带、胶带、皮革皮带或者绳索,增加织物的肌理感。

上图:令人惊叹的采用纵向脱散技术的针织服装,由伦敦的土耳其设计师保拉·阿克苏(Bora Aksu)为2010年春夏设计,她声称"我的标志性风格是基于发现对比之间的平衡点,它是带着更黑暗色彩的浪漫情怀。"

下图:尼科尔·法希(Nicole Farhi)设计的2013年春夏时装系列,以纵向脱散为特色的针织服装。

NICOLE ▶

用金属丝编织的纵向脱散和缎带
手工编织的精彩作品。出自瑞典
设计师桑德拉·巴克兰德（Sandra
Backlund）2011年春夏时装系列。

针织蕾丝

针织蕾丝历史悠久,它起源于花边制作。传统意义上的蕾丝制作使用的是极细的线,由于技术和图案都非常复杂,制作起来非常耗时。针织蕾丝在20世纪开始流行,并且成为一种非常受欢迎的替代品。蕾丝编织是通过用手动工具或者花边三角座滑架把一针上的线传输到另一针上,在编织过程中产生一个或者一系列的小孔而形成的。

针织蕾丝能为面料增添精美的质感,特别适合晚礼服和夏装的制作。丝带可以通过它编织,还可以在上面配以珠饰;也可以将一种或多种技术结合使用。蕾丝针织既可以用手工编织针编织,还可以使用打孔卡设备在机器上编织。机器供应商通常会提供一些花边针织打孔卡,供你尝试、实验、调整和开发。

有许多传统的蕾丝图案可以修改和转化成机器编织和手工编织的蕾丝。可以把设计的图案描绘到坐标纸上或者描刻下来。

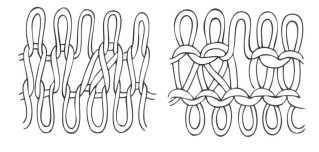

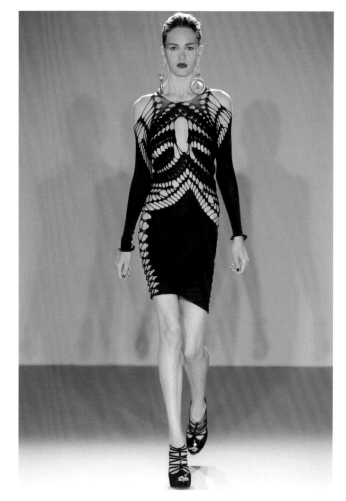

左页图:加拿大设计师马克·斯特尔(Mark Fast)为2009春夏设计的深红色紧身针织连衣裙,带有复杂的花边和袖筒边缘流苏。马克·斯特尔以将莱卡纤维和天然纤维的巧妙结合而著称。

右上图:带有心形图案和羽毛饰边的黑色精致蕾丝针织裙,设计师亚历山大·麦克奎恩。

右下图:加拿大设计师马克·斯特尔为2009春夏设计并在家用编织机上手工制作的黑色蕾丝针织裙。

案例学习

伊本（IBEN HØJ）

作为针织设计师的伊本（IBEN HØJ）曾经在布莱顿大学学习服装和纺织品设计，并进行商业研究。在马克雅·可布（Marc Jacobs）工作室工作一段时间后，她在针织设计领域获得了更丰富的经验，并在1997年至1998年担任Knit-1（原Dykes Enticknap）的设计师。她作为一个项目的发起人和执行人——开发一次性的前卫针织面料，并在欧洲、美国、日本以及所有重大的行业展销会上进行销售。1997年，她获选得到巴黎Indigo Texprint年度设计展的赞助，1998年她被任命为位于哥本哈根的Bruuns Bazaar的高级针织服装设计师，在那里一直工作到2002年，负责Bruuns Bazaar的主牌和副线品牌BZR的男装和女装针织服装发布会设计。同时她还作为自由设计师，设计制作面料样品销售给玛尼（Marni）和唐娜·凯伦（Donna Karan）等高级时装公司。2002年，伊本获得了丹麦艺术委员会的商业发展基金，并成立了自己的公司，设计和生产针织服装。公司业务范围包括开发新的针织组织结构和造型，设计和管理生产，包

括质量控制和在国际展销会上发布产品，最后销往世界各地。她的服装在许多高端专卖店有售，比如伦敦的利伯蒂（Liberty），卡塔尔多哈的莫达·凯（Moda Key）。2004年，在日本时装周期间的"造物者的村庄"活动中，伊本获得赞助，代表丹麦出征。自2005年以来，伊本就开始在巴黎、柏林、米兰、纽约和哥本哈根的贸易展会上展示她的作品。许多国际性的书刊杂志刊登了她的作品，她设计的服装被许多名人购买，如凯特·摩丝（Kate Moss）、哈莉·贝瑞（Halle Berry）、海莲娜·克莉丝汀森（Helena Christensen）和丹麦王储玛丽等。

2009年她在丹麦设计博物馆的个人展"卡拉的晚礼服——几乎全裸"被纳入永久的服装收藏。2011至2012年期间，她的针织服装作品多次参加群展，其中包括在比利时安特卫普和在荷兰的恩斯赫德的展览。在做设计和咨询工作的同时，她还在丹麦皇家艺术学院、建筑设计保护学校授课。

是什么激发了你的设计灵感？

我着迷于创造三维的结构和造型。选择纱线，开发新的组织结构，创造可以在服装上使用的造型是不可思议的。我的灵感来自于一些传统的制作针织服装的工艺元素，而且我都是自己动手去实验。我把我所有的设计都与身体联系起来，直接在人体模型上进行纹理织造的工作。

自然界的构造之美——植物、贝壳、花朵、种子穗、昆虫翅膀和羽毛的形态和结构，也激发了我的灵感。我工作和生活的地方都靠近大海和森林，外出时总会收集一些素材。我很珍视古色古香的手工织品，深刻理解每一件手工织品里面所蕴含的努力、所倾注的时间与爱。当我设计自己的作品时，也努力唤起相同的情感。

你能用几句话来描述你的设计过程么？

我的设计过程全靠直觉和本能；我没有计划，但通常跟着自己的创意走。我仅和意大利的纺织工合作，凭直觉来选择色彩和纱线。与此同时，我对组织结构的概念进行研究，有时候会从之前的开发素材开始，并且以此推进。

设计过程也是把玩的过程，在此期间可能会因为错误而获得想要的结果，我意识到它有巨大的潜力——这是工作过程中最美妙的部分。一旦有了组织结构的灵感，我会做成一个大片的面料，直接挂在人台上，尝试使用这些组织结构和造型或者图案。在过程中我会把各种想法拍照，画下造型的草图，然后整理编辑出有20种明确款式的系列。

你工作时使用哪种类型的机器？

我用的是12机号老式的工业斯托尔手工驱动机器和家庭用5、7、3机号手动横机。由于结合完全成型和手工织造的组织结构，我的设计无法在计算机控制的机器上制作。进行创造的是织造者的手和脑，而不是机器本身。

你的作品中运用何种工艺？

我使用多种工艺，但我最喜欢的是大范围的部分针织。为了我那些轻盈缥缈的针织结构，我探索了漏针脱散效果与部分编织相结合的技法。我的技法是一气呵成的，织造成实实在在的作品，后期从不增加任何成分——没有装饰，没有"作弊"。

怎样才能成为一名成功的针织服装设计师？

走自己的路，带给人们惊喜，带给女人们真正想要的。

你能给那些想要创立自己的针织服装公司的人们一些建议么？

只做你必须做的事！如果是必须，你会每一分、每一秒都热爱它！

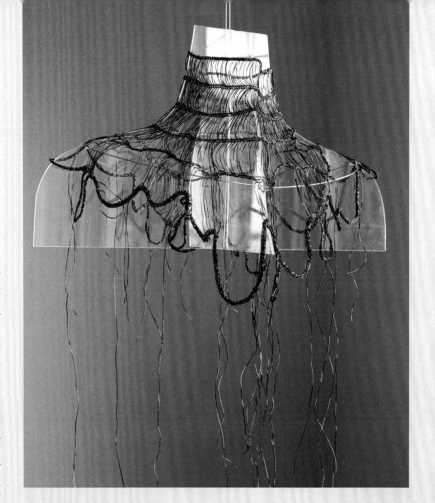

上图：伊本自由地使用了漏针脱散技法和手工移圈的效果结合部分编织，在家用手摇横机上织造完成。

下图：伊本设计作品的细节图，展示了流畅的织造过程，一气呵成。

嵌饰

通过添加嵌饰来增加编织的乐趣，嵌饰是将其他造型添加到编织好的背景上去。这个过程有点耗时，但效果却不同凡响。三角形、翼形、绳结、编成辫子的管状织物、波浪形褶边和饰边都可以提前编织好，然后在过程中将其融入到你的编织作品中，或在完成后将其加到编织物表面。如下图是机织的针织花边样品，使用的是真丝竹节花式纱，将一条装饰性的复古花边辅料添加到针织面料中，先将辅料勾在针床上，然后开始织造，使织物更加精美。

如果想要添加一个嵌饰，先根据所需的尺寸编织好造型，然后在一片废纱上编织几行后，再从机器或者针上脱离下来。你可以按住编织好的嵌饰或任何造型，通过把它们挂到选好的针上添加到编织作品中，一定要确保组织结构不变形。此时可以把废纱线拆下来，从编织中移除，嵌饰就已经很好地衔接在编织过程中，废纱应该比主线光滑，颜色反差大，这样就容易拆掉，把编织好的嵌花移接在所需的位置。褶边，商业化生产的花边辅料和穗带都可以使用相同的技术添加上去。

综合使用这些设计技术，把人们的注意力吸引到服装的某一部位。你可以在任何一本针织机器的使用手册上或者任何一本针织机的技术书上找到全面的指南。

下图：卡罗尔·布朗设计的金属圆环与针织面料结合，她把每一个金属环单独挂在针线上，然后再将其重新放置在织针上。

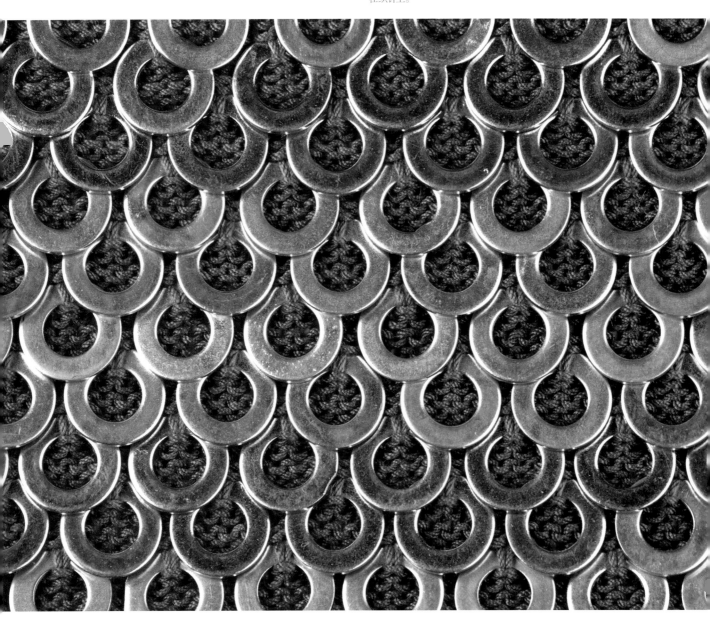

下图：怀旧情结——利用柔软的真丝
竹节花式纱织造的样品，在织造过程
中接入淡粉色的复古蕾丝花边，这是
卡罗尔·布朗在家用针织机上制作的
作品。

编织

　　编织是一种在针织织造过程中将其他纱线织入作品中的技术。针织机上最简单的编织方法是使用编织刷,通过打孔卡装置进行操作。这个方法的优点是工作时织物的正面对着你,所以就比较容易创作和开发你的思路,进行试验。肌理感极强的纱线,如结子线、马海毛和丝带都可以编织进作品中,增加所设计织物的质感和表面组织结构。

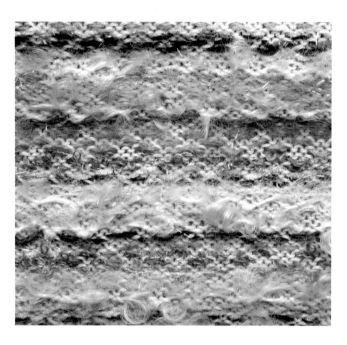

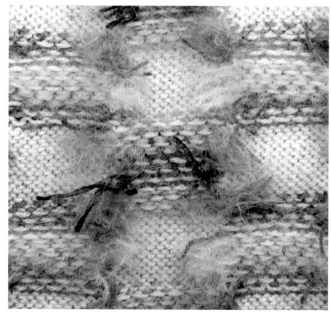

上左图:针编小样,使用了一系列色彩柔和、有肌理感的纱线,如马海毛、丝节纱、雪尼尔花线、结子线和缎带纱。

上右图:剪掉浮线的穿孔卡编织的布片,使用了极具肌理感的纱线,有助于编织纱的牢固性,增加织物的稳定性。

右图:使用纯羊毛、马海毛和细羊毛混纺编织的缩绒毡织样品,通过缩绒处理,产生了柔和凌乱的表面效果。

编织也可以通过手动将所选择的纱线穿过编织针织入作品中。肌理感很强的纱线尤其适合编织,通过定位的织针将纱线固定,就像锚定一样固定纱线,增加面料的稳定性。使用打孔卡时,会经常看到长长的浮线,为了进一步增加纹理,可以把这些浮线修剪一下,让表面产生华丽的流苏效果。

下图:"包裹我,保护我"——伊丽莎白·戴森(Elizabeth　Dyson)设计的用马海毛编织的柔软质感的茧形拼接针织服装。

褶裥

如图所示,褶裥面料可以增加服装的饱满度。针织时仔细选针就会构成各种各样的褶裥形式,如刀褶、风琴褶和箱型褶。

针织褶裥是通过不同的密度和织造或松或紧的行作用于织物,从而在织物上造成折叠线。在伦敦的韩国新锐年轻设计师金翰柱(Hanjoo Kim)展示了她充满创造力的打褶技术,让面料看起来既有结构感,又具动感。

为了探索和开发创意,先在纸上设计一些褶裥,然后以此为参照,开发一系列带褶裥的服装。作者:海伦娜·李(Helena Lee)。

金翰柱设计的将提花和褶裥结合的衣袖细节。

表面处理

要创造出个性化的针织服装，表面装饰是一个既简便又灵活的方法。表面装饰有很多手法，如刺绣、流苏、珠饰和边缘装饰，既可以单用某一项技法，也可以结合使用。为一件简单的服装添加表面装饰是初学设计者最理想的技法，它可以让初学者专注于基础知识，将重点放在针织服装的基本造型上，而不是把注意力放在那些复杂的图案和色彩上。

对于一个经验丰富的针编者或针织服装设计师来说，表面装饰不仅仅是一个重要的服装特征，而且还是一种探索色彩和设计，将复杂的针织结构与装饰性表面结合的针织风格。

右图：使用银色垫布贴花装饰的黑色连帽针织裙，配有网纱衬裙。设计师：亚历山大·麦克奎恩。

刺绣与表面装饰

　　刺绣是装饰织物表面的一种手段,而针织基底提供了一张完美的"画布"。通常最成功的方法是在一件相对简单的服装上留出一块光滑平整的区域,用一种针法来进行工作。为了给从商店买来的针织服装增加一些个人的风格特色,可以通过给其添加刺绣来突出接缝或加强边缘的设计感。对于一个初学者来说,一件荡袖、一字领套头衫或其他类似造型的服装都可以通过选择互补色或对比色的纱线,围绕领口、袖口、底边或者口袋来刺绣,从而将其转化成创意新颖的个性化服装。对于那些技法更熟练的编织者来说,可以用刺绣来突出一个设计,只需用少量的色彩就能突出和强化一个花型、主题图案和设计特征,比如在口袋或育克上刺绣。

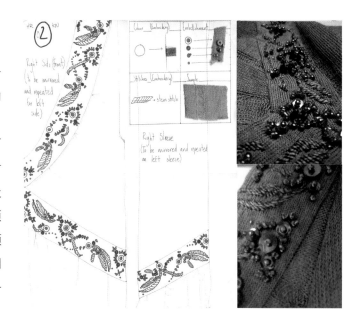

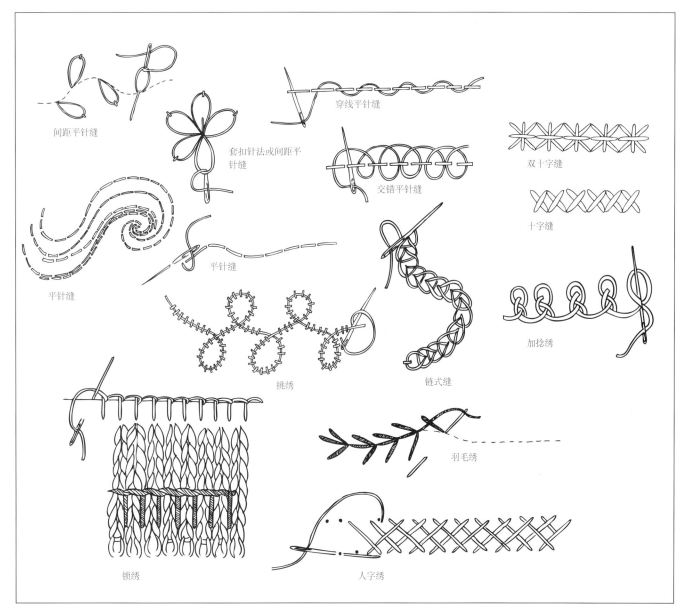

间距平针缝

套扣针法或间距平针缝

穿线平针缝

双十字缝

交错平针缝

十字缝

平针缝

平针缝

挑绣

链式缝

加捻绣

羽毛绣

锁绣

人字绣

针织服装可以通过刺绣来达到以下目的：

◆增添色彩

◆增加质感

◆强调某个针法或者设计

◆用少量的色彩来突出设计

◆突出一件服装的接缝或设计特征，如领口或者扣眼。

　　刺绣用于装饰和美化服装有着悠久的历史。维多利亚时代的人们用十字绣和复杂的瑞士织补绣美化它们的作品，是这个时代精致而华丽服装的典型代表。在20世纪下半叶，针织服装时尚发生了根本的改变，从70年代的商业化到80年代的手工编织潮，再经历了90年代无缝编织技术的发展，到今天新锐设计师的个性化设计，随着智能纺织品的发展，推动了三维针织表面技术的向前发展。

上图：装饰性极强的手工和机织刺绣装饰样品，来自综合媒体纺织品艺术家苏·布拉德利（Sue Bradley），她擅长为室内装饰、服装和纺织品艺术创造针织和面料刺绣。

下图：为东欧纺织品艺术绘制的图稿。

在为服装构思装饰与刺绣创意的时候，对创意进行全方位的调研是非常重要的。各类型的纺织书籍，不管是历史上的还是当代的，都可以从中获取灵感。特别是有关欧洲和中东服饰的书籍，它们能帮助你理解色彩的组合与对比，指导你将简单的图案转化成重复的设计。以下的一些绣法在实现装饰性效果方面非常有效：链式绣、十字绣、法式结绣、锁边绣（特别适合滚边和下摆）、套扣绣、轮廓绣和瑞士织补绣。任何一种绣法都可以单独使用，也可以相互配合使用。每一本优秀的刺绣书籍上都会列出各种绣法。

对于刺绣针织服装来说，可以买到各种色阶的特殊绣线，但通常比较贵。另一种方法是使用一些光滑的或带有竹节的零碎纱线来替代，这取决于你是否想要给服装增添肌理感。不要局限于使用那些大众化的或者现有的材料来制样。丰富的表面纹理可以通过使用各种纱线、绳、织带和缎带来产生。

为你的服装使用合适的针法编织一个15厘米见方的小方块面料，并贴在上面。将面料样品下水清洗，就像洗成品服装一样，以查看各种纱线是否能很好地融合。

顶图右：瑞士织补绣，又名"双面绣"，它是沿着针织的组织结构来工作的一种刺绣技术，可以给设计添加少量的色彩元素。

下图：匈牙利设计师多拉·科尔曼（Dora Keleman）试验的自由形态刺绣小样，她通过针织、刺绣、缝合和做旧的方式来处理表面结构。

右图：横机编织的条纹样品，织物表面点缀用链式绣法手工刺绣的圆圈装饰。

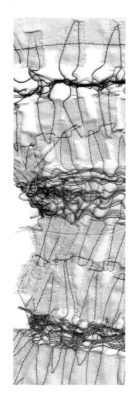

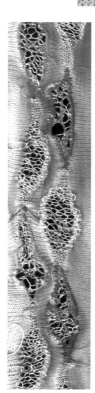
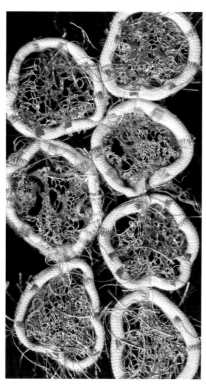
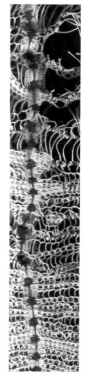

右图：英国设计师克莱尔·图赫
（Claire Tough）的作品，运用了醒
目、明亮、大胆、抽象的刺绣装饰。

下图：以涂鸦为灵感的色彩斑斓的
抽象织补作品，出自英国设计师克
莱尔·图赫2007/2008年秋冬的刺
绣针织服装。

上图：英国设计师珍妮·波斯特尔
（Jenny Postle）2011/2012年秋冬以
拼接手法进行的创新设计，挑战了我
们对针织服装色彩、纹理和表面结构
设计的概念。

左图：克莱尔·图赫设计的极具装饰
感的刺绣针织服装，受都市的影响以
及20世纪80年代涂鸦文化和嘻哈文
化的启发。

珠绣

　　在服装上添加珠子和亮片，主要有两种方法。第一个是最简单的，将珠子和亮片摆放在成衣上，然后一个一个缝上去。将单个珠子像这样摆放在已完成的针织基底上，你可以通过这种方法来试验珠绣工艺，而不会影响织花图案。当在针织服装上添加珠子或者其他附加饰物时，一定要确保面料足够结实，以固定它们的位置，而不会出现因为珠绣太重导致面料变形的情况。

 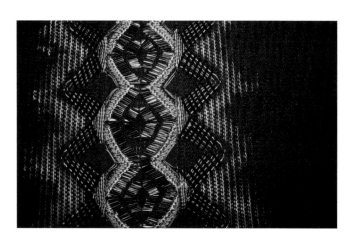

上图：汉娜·斯文森设计的"眼花缭乱"作品。

下图：极具装饰性的针织品系列，出自设计师弗洛伦斯·斯普林（Florence Spurling），结合了手绣和机绣工艺，重点突出细节。

第二种方法是在织造过程中将珠子或亮片加进去。其实这也是相对比较简单的方法，只是有点费时，并且繁琐。在织造过程中需要退下一针将珠子穿上，再将缝珠线放回到针上继续织造。整个设计可以照这样来创作，引入复杂的珠饰设计或更小的部分如小珠子和亮片，用于强调和突出更多的色彩、纹理，以及设计的趣味性。

下图：卡罗尔·布朗使用各种天然纱线，如真丝线、纯棉花式粗结线和羊结子线等，编织了简单的条纹，创造了极具肌理感的织物，同时还装饰了许多不同形状和尺寸的贝壳纽扣。

右图：劳伦·芬（Lauren Fenn）设计的极具装饰性的编织小样，上面点缀了装饰织带和树脂纽扣。

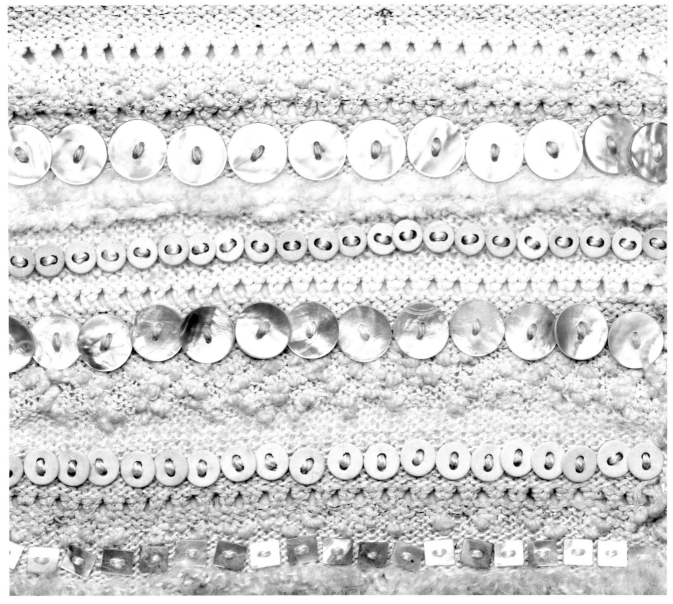

装饰用管状编织

　　管状编织 (也叫滚条盘花编织) 是像法式编织一样的窄条编织, 在针床上三针或四针操作。用粗细适当的纱线使用主密度计起针, 编织四行把织物牢牢地固定住或者挂在一个针钩上。将机器设置到单向编织, 并编织到所需的长度。编织的时候, 滑过的那一行会把纱线拉起穿过织物, 使卷边连在一起形成管状, 故而得名。把编织的那一段圆筒缝到服装上, 增添图案、色彩和纹理的效果。管状编织也可以用作嵌饰、服装的束带或者边饰。下图的样品是先编织一定长度的管状织物, 然后塑造成花形的装饰, 可以用作服装的胸花或者装饰, 或者缝合在一起构成一片新的织物面料。管编织物也可以辫成绳辫状或者织成花边织物。

右页上图: 英国设计师罗莎琳德·普莱斯·卡曾斯 (Rosalind Price Cousins) 设计的定制针织服装, 包括鸵鸟式编织服装、羽毛装饰的拉夫领、机织的领部和流苏袖口配饰, 这些受"琴鸟"启发的领饰, 使用了各种高档纱线。

右页下图: 家用编织机上编织的流苏。

下图: 出自卡罗尔·布朗2011年的"轻风"系列, 珠绣装饰的管编花形织物。

穗

穗是用剪断的长纱线制成的，非常容易。把它们束在一起后对折，在顶端的环形部分打一个结，在适当的位置固定所有的纱线，然后从顶端给流苏做一个15毫米的滚边。在滚边下缝针完成封边，然后在顶端把针带出来，针脚整齐又牢固。根据设计的需求，穗既可简约也可精致。

流苏

流苏可以机器制作也可以手工完成。手工制作流苏非常简单，与抽穗的制作技术类似。把纱线剪成成品流苏的双倍长度的线。取几缕线使其厚度与所需的流苏厚度相同。把纱线对折，然后再将纱线连接到流苏环上，以确保流苏固定之前，使用钩针通过针织把纱线拉起。将纱线对折，然后用钩针拉着毛线穿过编织物，再把需要的纱线连接到流苏环上，以固定流苏。从一边到另一边继续这一过程，产生一层厚厚的流苏边缘装饰。根据个人设计需要，可以在边缘加上珠饰、亮片、刺绣或者打结，以便达到更好的效果。

第4章

创新技术

这一章鼓励设计师在织造过程中自由发挥想象力——通过综合运用各种技术,探索和试验针织面料的开发之旅;尝试使用创新纱线和材料。使用传统和非传统的实践结合新的编织技术来创造激动人心的创新设计,使其完全有别于我们此前对于针织概念的理解。

近年来,针织品再次复兴,成为服装、产品设计、家具、室内装饰和美术领域的媒介。通过对塑料、金属、橡胶、树脂等新技术、新材料的应用和研究,针织已经发生了革命性的变化,并得到了更广泛的认可。随着针织手工艺的日益流行,许多当代的前沿时尚设计师运用这一媒介来创造作品,从三宅一生、菱沼良树和山本耀司的创设计,到荷兰设计师克莉丝汀·梅因德斯玛(Christien Meindertsma)的"极端编织",以及富有影响力的瑞典设计师桑德拉·巴克伦的雕塑风格,不一而足。

第134页图:"编织过程中",这是整个造型的其中一片,最后缝成一块"巨型地毯"。这是克莉丝汀·梅因德斯玛为在纽约库伯休伊特国家设计博物馆举行的展览"为生活的世界而设计"作准备。

左图:红白条纹相间的表现主义风格的针织连衣裙,使用了工业用屏障带。出自克雷格·劳伦斯2010年春夏作品。

上图："巨型地毯"的细节，每一片造型由1.6千克（一只羊的产量）的羊毛线织成，材料来源于爱达荷州可持续牧羊场。

夸张的比例

　　考虑到针织机的各种型号和规格，从精密到粗犷，还有各种手工编织针，许多编织从业者已经开始试验和创造具有不规则表面结构的超大号针织服装，让身体包裹在巨大体积的茧形针织服装中。这些极端的轮廓通常是使用大针流畅地完成，并且通过有趣的扭曲和塑型编织，创造出有趣的、新颖的针织结构。

　　比例和结构可以通过巧妙地选择纱线来完成，比如大体积的打造既可以通过使用粗大、厚重的纱线，也可以使用多股纱线合在一起来完成。还可以与细纱线并用，形成强烈的反差。许多超大号服装的形成都是一气呵成、水到渠成的，可能编织造型时根本不按照预先设计的进行编织，探索纱线的重量，结合多种不同的组织结构来强调纱线的性能、规模和比例。

出自中国台湾设计师约翰·库（Johan
Ku）2011年作品系列"神秘之洞"中
的极具肌理感的厚重针织服装。

出自约翰·库2011年作品系列"神秘之洞"的超厚实针织服装。

案例学习
桑德拉·巴克伦德

桑德拉·巴克伦德是瑞典当代著名的针织服装设计师。她在斯德哥尔摩学习针织设计并于2004年毕业。同年，她创立了自己的品牌。桑德拉很快就成为针织行业富有影响力的人物。她以围绕着身体来雕刻和创造复杂的针织结构而闻名。她的作品研究造型和形态，在探索比例的过程中，扭曲和夸大身体的自然曲线，从而创造出极端的廓型。她之前的作品系列有 "Control—C" "Last Breath Bruises" " Body, Skin and Hair"。

对传统针织工艺的精通成为桑德拉作品的基石，使她在人体或人台上能够自由地为服装进行立体塑型和雕刻——这是一个概念性的手法，这一理念也启发了许多年轻的设计师。桑德拉的手法很随性，通过探索技术、塑造廓型、探索和尝试新的创意，进行细节试验，直至服装成型。她的作品经常被编辑们选中登上国际杂志，她也会到世界各地展出自己的作品。

你的品牌背后的理念是什么？

我喜欢把时尚视为一种艺术的表现形式，而不是一种产业。一种与我们大多数人的日常生活密切相关的民主的艺术形式。谈到时尚，当然一般人都有独到见解，但是即使你不考虑它或者实际上也不关心它，你自己的穿着选择仍然是一种表达。它可以是个人的宣言，一种成为某人或者融入某个群体，以及看起来像某人的方式，或者仅仅是出于审美的考虑。

谁或者什么是你最大的艺术灵感？

除了手工艺和我所使用的材料，我非常着迷于那些通过服装和配饰可以突出、扭曲和改变人体自然轮廓的所有方法。我喜欢有意识的遮掩或者暴露身体的某个部位。我性格内向，不善交际，工作时通常把自己锁在工作室里，我想我的设计灵感来源于我生活中的点点滴滴——无论是私人的还是专业的。

你能用几句话描述你的设计过程么？

以人体结构为主要出发点，我在人台上或者自己的身体上即兴创作，探索那些凭空思考不出来的造型和廓型的创意。我放下自己对思维的控制，不去考虑具体的事物和他人所求，只是任凭作品产生。我不画草图，相反我使用三维立体拼贴法，搭建一些基本的框架，然后成倍地添加和连接，直至成为一件服装。然后水到渠成，最终的作品系列几乎就像一个人的思维导图。

除了制作服装，举行发布会，你是否还参与其他项目？

没有，我做的所有事情都是关于时装的。

你成功的秘诀是什么？

我不是太专注于应该如何成为一名新的时装设计师，实际上我正是以此身份工作着！

迄今为止你最大的成就是什么？

经过7年的艰苦工作，我和我的公司依然存在着，这就是我的成就。

自己创业最艰苦的挑战是什么？

保持创作自由，不断找寻支撑自己经营下去的办法。

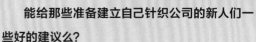

能给那些准备建立自己针织公司的新人们一些好的建议么？

在开始的时候，最重要的是要花大量的时间进行尝试，发现你的特别之处，自己最擅长什么。做好这个的方法是探索基础知识，留意在此过程中能带你突破思维的界限以及进入新境界的任何失误和创意。

你对未来有什么设想？

我计划继续努力工作，保持本色和我所擅长的，但还要不断开发设计，拓展我的公司。我喜欢探索，且探索永无止境，当然，如果我的工作能让我衣食无忧，甚好。

出自桑德拉2009/2010的"Control-C"作品系列，极具结构感，强调了造型和结构，夸大了身体的轮廓。

三维立体编织

　　许多设计师运用概念化的手法来创造作品,将编织结构处理并转换成为三维的形式。设计师如桑德拉·巴克伦德和金·仲威−威尔金斯 (Kim Choong-Wilkins) 因对人体的探索而著名,运用极端的造型,夸张和扭曲自然的身体形态,打破针织设计可能性的界限。

　　针织的特性使其本身很容易进行结构化塑型,既可以通过纱线的选择来实现,也可以通过技术手段的使用来创造三维立体结构。雕塑感的造型和身体结构的扭曲可以通过运用一种或多种技术来创造,这些技术包括构建针织结构、叠层针织、成型针织和运用创新的裁剪技术,如第5章所述(见第166页)。

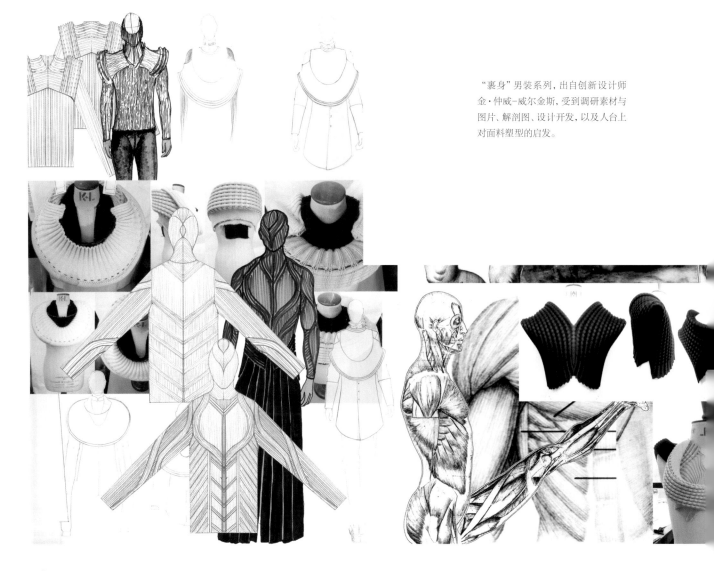

"裹身"男装系列,出自创新设计师金·仲威−威尔金斯,受到调研素材与图片、解剖图、设计开发,以及人台上对面料塑型的启发。

右图："裹身"男装系列设计细节，出自设计师金·仲威-威尔金斯，以皮肤、肌腱、肌肉、骨骼和美国摄影师乔-彼特·威金（Joel-Peter Witkin）的令人惊悚的照片为灵感。

下图：同样出自"裹身"男装系列，夸张的设计细节、醒目的长钉和对比的面料。

针织结构的塑造

针织结构的塑造可以采用各种针织工艺,如短行编织或者部分编织,以及根据所需造型进行塑型针织 (详见第3章)。

创新的三维立体结构也可以通过将其他造型添加到针织基底上来创造。这个过程有点耗时,但效果却极富感染力。可以预先把三角形、翼形、绳结、编成辫子的管状织物、荷叶边和褶边等编织好,然后在创作过程中将它们融入到编织结构中,或者在完成的时候将它们添加到针织物的表面。

尝试以立体裁剪、打褶和收褶的形式增加织物体量,对面料进行三维立体塑型。考虑粗与细机号的纱线对比,利用纤维的物理性能——如利用具有极佳弹性的纱线添加造型和结构,为服装塑型。市场上有很多种适合与其他纱线混合使用或者用来装饰针织表面的弹力纱线。

左页顶图：颈饰和胸衣，阿兰娜·克利夫顿·坎宁安（Alana Clifton-Cunningham）2007年的作品"第二层皮肤"。

左页下图："第二层皮肤"的细节图，采用了纯羊毛和塔斯马尼亚橡木。

右图：受部落和刺青的启发，阿兰娜·克利夫顿·坎宁安结合传统和现代技术，设计出复杂的线球和绞花图案无袖高翻领背心。

下图：线球和绞花设计的细节。

考虑在针织物上逐层编织，或者在梭织物上编织，还可以使用其他材料利用巧妙的纸样塑型来增加体量。各层可以通过手动或者在针织机上编织和添加上去。

还可以通过应用扎染技术和其他一些专业的处理，如缩绒、塑型和激光切割织物等来创造立体的三维结构。

正如第2章所叙述，试样在开发和攻克一项技术时有着重要的作用，能够促使你探索各种不同的操作过程，获得新的创意。工艺的试样过程比较漫长，然而，你会发现，通过对你正在探索的纱线、面料和各种材料的处理，对新的创意进行试验（这些也是设计开发的过程），你的作品将更加成熟与完善。要仔细研究每一个过程，做好各个步骤和结果的记录，以备将来参考之用。

下左图：埃拉娜·阿德勒（Elana Adler）的产业化编织面料，她毕业于美国罗德岛设计学院。

右图：埃拉娜·阿德勒的产业化编织和手工裁剪面料。

下右图：埃拉娜·阿德勒的产业化编织和手工裁剪作品，"通过色彩、纹理、图案和造型"来表达创意。

针织和梭织结合

针织和梭织面料结合在一起使用,制作的服装在面料克重、手感和肌理方面都形成鲜明的对比,同时增添了有趣的并置效果。例如:大花纹柔软的粗花呢面料结合纯亚麻编织的轻薄蕾丝;青铜金属质感的仿麂皮面料搭配真丝竹节花式纱线的针织面料;或者软浮雕的传统绞花织物与皮革、鹿皮绒或者橡胶材料的组合。

与梭织面料相比,针织面料具有更大的弹性。然而由于技术上可能出现的问题,面料也需要仔细选择,才能成功地组合搭配在一起。在服装制作的过程中,一种面料可能会与另一种面料之间发生相互作用,拉伸或者扭曲另一种面料或者使服装的接缝处发生变形。如果一种面料比另一种面料缩水率高,清洗服装时也会出现问题。

下左图:伦敦的加拿大设计师马克·法斯特(Mark Fast)为2010年春夏设计的紧身针织连衣裙,在袖子和下摆处拼接了圆形面料插片。

右图:马克·法斯特为2010年春夏设计的紧身胸衣和合体紧身裤,其细节处采用了针织和机织的梯纹蕾丝。

下右图:综合使用针织和梭织面料的连衣裙,出自奥纳·蒂泰尔(Ohne Titel)2010/2011年秋冬成衣系列。

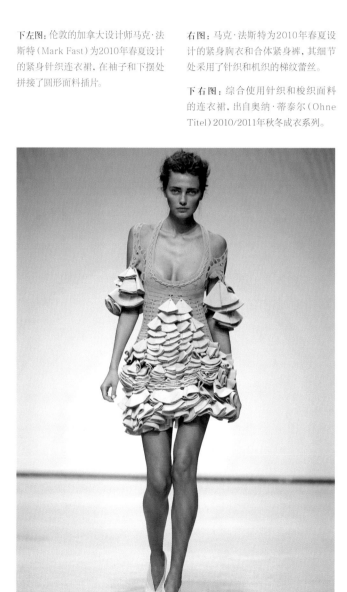

左图：匈牙利时装设计师多拉·科尔曼（Dora Kelemen）2009年设计的未来主义风格的半透明膨胀夹克，综合使用了梭织和针织面料。

下图：精致的透明罗纹织物与机织面料的结合与对比，多拉·科尔曼2009年设计。

工艺和技术的融合

　　独具匠心的面料可以通过融合工艺和技术来创造,将传统和非传统的技术结合在一起,赋予织物全新的面貌。也可以尝试传统和现代的技术,例如使用绞花和激光切割面料制作定制设计。正如我们在国际时装秀上所看到的,许多现代时装设计师都使用激光切割技术,创造出具有精致镂空图案的复杂设计,勇敢挑战各种媒介,将技术与精湛的工艺相融合。

下图:澳大利亚设计师韦罗妮卡·帕斯(Veronika Persché)设计的用美利奴羊毛和尼龙编织的三维纹理结构织物。

上图:"Pocketerle"是时装设计师韦罗妮卡·帕斯制作的装饰性面料——带有别针的透明口袋三维立体设计。

可以尝试各式各样的技术。使用精细的针织面料或者其他材料，做分层编织实验，然后层层缝合；在表面设计的同时手工处理表面纹理；燃烧织物，破坏纱层做成原始做旧的表面细节；就像韦罗妮卡·帕斯的作品那样把有趣的元素融汇到织造过程中（见第26、27、149页）。

市面上有许多新型纱线，包括钢丝和反光纱线、金属丝、弹力和可水洗的纸纱，橡胶和乳胶丝等，所有这些都值得拿来尝试，以便于你更加充分地了解他们各自的特性，巧妙地使用它们能为你的作品增加新的维度。利用钢丝进行织造会使编织效果更加有趣。钢丝纱线用于编织时通常和羊毛混合在一起，或者做丝线的芯，使纱线变得柔软更易于操作，具有可塑性、柔和的光洁度和柔韧性。

许多针织服装设计师会采用跨学科的方法，横跨几个不同的领域，使用综合材料的应用并试验各种针织后整理技术，让织物变得新颖别致。创造性的视觉效果可以通过煮练、漂白、做旧、覆膜、破坏和梳理等方法来获得各种触觉和有趣的效果。用天然和合成纤维做实验，尝试结构的密度、比例和尺寸。考虑制作织物样品，然后将它们融入到织物表面，可以采用丝网印刷、数字印刷和防染技术来增添更多乐趣，以探索你所使用织物的更大潜力。

下左图："牡丹外套"的细节。作者：艾莉森·怀特（Alison Waite），由7个衣片组成，在Shima WG配件机器上完成，这个机器很灵活，能够制作出完整造型的针织服装，而且制作过程中无需裁剪、没有浪费。

下图：外套的后视图。

右图：外套的全视图。

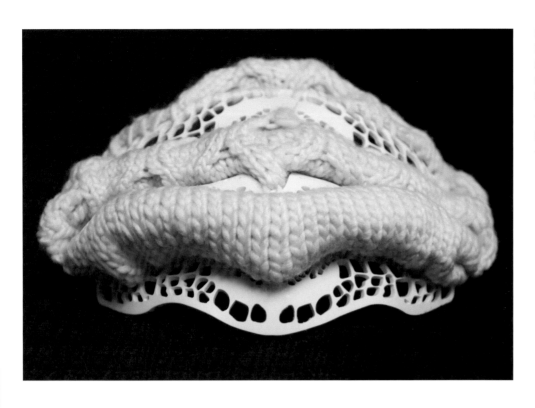

案例学习

德里克·劳勒

英国当代设计师德里克·劳勒 (Derek Lawlor) 毕业于中央圣马丁学院,获时尚针织服装硕士学位。通过与小筱美智子 (Michiko Koshino)、V. V. Rouleaux和贾斯帕·格拉迪瓦 (Jasper Gardiva) 等设计师一起工作,丰富了自己的经验,并在伦敦毕业时装周上举办了首场发布会,颇受好评。2010年秋冬她与芬兰顶尖纺织服装设计公司马林巴琴 (Marimekko) 合作设计了一个另人惊叹的胶囊系列,成功捕捉和诠释了马林巴琴 (Marimekko) 式样,表达了它们的独特风格。

德里克获得了Vogue.com、Dazed.com、*Grazia*、*Elle*以及其他许多国际性刊物的新闻报道。他的作品大胆、创新,并在廓型和形式上富于表现力。他的设计使用对比鲜明的材料——从传统的到非传统的,他的方法是实验性的,挑战面料和技术的物理特性和特点,然后轻松流畅地将它们运用到自己的作品中。

在面料开发方面,劳勒有着超凡的理解力,并将它们转化为服装。他的花边制作技术独一无二,使作品极具冲击力,同时又具有飘逸、生动、前沿的特质。他的创作界于"艺术和时装、工艺和功能"之间,在复杂度方面引人注目。他的项目合作者包括皇家芭蕾舞学院的舞者,造型师/艺术导演奥利维亚·庞普 (Olivia Pomp) 和摄影师里克·宾斯 (Rick Guest),以独特的形式展示他的作品。

你是如何入行针织设计的?

我一直都知道自己想从事时装行业。在攻读学位的时候,我专修了针织与梭织,但我不只是对制造面料感兴趣,我想把我的工作推向下一步——用我的面料在身体上试验。

你什么时候开始创业的?为什么想创业?

我毕业后举办了首场发布会,得到了一些不错的新闻报道,有人找到我,希望能进一步制作一些作品,创业的事就这样顺其自然地发生了,真的很棒!

你品牌背后的理念是什么?

都是关于面料的,我的作品是以技术为基础,打破针织的界限。

谁或者什么是你最大的艺术灵感?

给我灵感的人很多,那些过去支持我,将来继续支持我的人就是我的灵感源泉。

设计一个作品系列最困难的部分是什么?

最困难的部分是让一切进展顺利。开始一个新的系列设计时,我要完成之前所有系列的订单,同时还负责处理委托设计和个别项目的工作。

你能描述一下你的设计过程么?

调研——参观画廊和展览,参考我收集的关于时尚和针织的存档资料来获取灵感,然后直接在针织机器上工作。我的作品中,面料第一重要,其次是造型和廓型。

你的第一个客户是谁？

在我的首场发布会后，凯特·费兰 (Kate Phelan) 邀请我到伦敦 *VOGUE* 杂志的办公室，展示了我的作品，这真的是很荣幸！这就是我开始的地方。

你工作时最开心的是哪一方面？

创作的自由。

作为一名设计师，你典型的工作日是什么样子？

每天都不同。我更倾向于在早上处理电子邮件和管理业务，下午进行系列作品的设计。

你会给一个想要开创她/他自己事业的有抱负的设计师什么样的建议呢？

与设计师们一起工作，完成实习工作，尽可能的获取更多的工作经验，从不同的视角了解这个行业是如何运做的。

你的品牌的终极目标是什么？

我工作的终极目标是我在融合艺术和时尚方面的创造力在国际上得到最大程度的认可，而且，最重要的是，展示最真实的自己！

上图：使用大量经过处理的细绳作为装饰细节的针织服装。

右图：针织定制时装，以细绳有组织地穿过织物进行编织作为细节。德里克·劳勒2010年秋冬作品。

缩绒

针织缩绒能够产生一种夸张的肌理效果，缩绒可以通过高温机洗或者手洗来实现，同时还可以对面料进行塑型、定型和变形。在洗涤过程中纱线的纤维膨胀，织物缩水，变得紧密、耐用，但通常也会失去清晰的线圈结构。最初的结果是不可预知的，而且根据纱线的类型、织物或者服装的尺寸，以及织物在任意时间段的缩水量的不同而有所差异。随着经验的增长，并进行了全面的试验，在工作时做好笔记，你就能计算出针织物的缩水率。通过对作品进行仔细地监控，可以获得在视觉上令人惊艳的作品，在克重和手感上精致而完美。织物样品织得越紧，缩绒时织物密度越大。织得越松弛，处理后手感也就不会那么紧凑细密。

为了添加纹理效果，硬币、贝壳、宝石、弹珠或者其他类似的装饰都可以在缩绒之前包裹或者捆绑到织物上。缩绒织物将会围绕这些装饰物为自己塑型。当这些装饰物洗后被移除，面料上依旧保持了装饰物的形状，产生了迷人的立体质感和新的设计可能性，如Jeung-Hwa Park的作品所示。运用和探索不同的折叠方法、打褶和缠绕织物，试验包裹的装饰物数量和尺寸使你能够对织物进行处理并转化，以达到预期的效果。

特别缩水的纱线包括那些没有经过化学处理的纯毛纱线，例如羊驼毛、羔羊毛和马海毛。市面上有许多专供缩绒的纱线出售。使用这些纱线时，可以考虑添加一些其他不缩水的纱线，例如光滑的金属丝线，能添加纹理和表面光泽。织物一经缩绒，它就构成了完整不脱散的边缘。也可以与其他技术综合使用，比如激光切割、贴花、刺绣和印染工艺，所有这些都是为了给织物表面增加一些有趣的效果。

针织缩绒可以从以下几个方面入手：

◆试验密度

◆缩绒前通过折叠、打褶、缝合、缠绕和抽褶来包裹和捆绑织物

◆回收的针织物

◆结合编织、提花、梯形针织、打褶、抽缩、扎染和刺绣等技术

Jeung-Hwa Park设计的立体感织物，使用了扎染工艺。

韩国设计师Jeung-Hwa Park使
用扎染工艺，通过防染和缩绒
将机织的样品转化成令人惊叹
的三维立体浮雕面料。

针织物的印染效果

纱线和成品织物可以通过使用染色和印花工艺而得到改变。可以考虑浸染工艺,既可以在织造前将纱线染色,也可以在织造后再染织物。此外,可以使用滚筒或刷子对针织织物面料进行手绘,以添加色彩,或者在织物表面喷涂涂层,打破艺术与针织的界限。通常要考虑染料相对于所染纤维的色牢度。

印染的防染方法

染色之前把织物系扎起来就能形成表面的图案,这种工艺称为扎染工艺。它可以通过均匀或不均匀地把织物捆扎起来,以及扭曲、缝合、挤压或者皱褶来完成。浸染的时候,被捆扎起来的部分不会被染色,表面会产生明显的纹理,从而改变织物的表面效果。这一技术虽然通常应用于梭织面料,但是也非常值得在针织物表面做尝试,并具有可以挖掘的潜力,完全可以试验出各种效果。

下左图:圣德斯·艾克特(Sundus Akhter)使用针织移圈、漂白和装饰的方法,把施华洛世奇水晶和亮片应用和搭配在织物上,探索"粗糙与肮脏"主题的表面效果。

下右图:圣德斯·艾克特受各种工装(其中包括矿工服)的启发,设计的现代男款针织上衣,这件作品体现了他对表面纹理的高度关注。

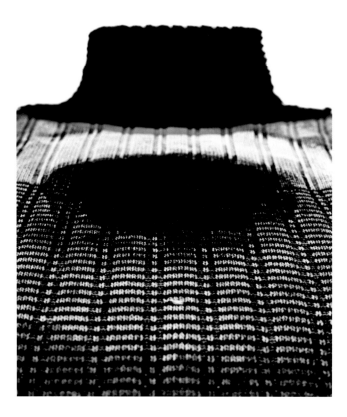

针织物的做旧处理

你可以考虑通过揉搓织物使纤维产生摩擦来给织物表面做旧处理。另外,也可以通过燃烧、烧毛、漂白和热熔法来达到类似的触感。通过一些试验,可以获得令人着迷的效果;也可以考虑一下烂花技术,这项工艺是指把硫酸涂或者刷到织物表面,然后使织物的这些部分被烧掉,留下了烂花的效果。然而应用此项技术时必须小心谨慎,因为操作时需要使用有害的化学物质。

右图:艾米·亨特(Amy Hunt)设计的手工裁剪、层次丰富的针织物,命名为"共鸣",使用了同色系的黏胶纱、卢勒克斯纱和格里隆聚己内酰胺纱线(Grilon)。

下图:手工裁剪、层次丰富的针织物,命名为"共鸣",他采用了格里隆聚己内酰胺纱线,通过热压技术,纤维热反应后织物会变硬,这种硬度能防止切割过程中面料的脱散。

发光的长丝

从生态环保纱线到高科技纱线，一些创新型的纱线不断地被研发出来，它们有着优质的表面处理效果。根据光吸收的性能，制造出了与众不同的创新纱线，开发了在黑暗中可以闪光或发光的长丝。台湾设计师约翰·库 (Johan ku) 在2012年东京梅赛德斯奔驰时装周上展出了具有戏剧性效果的服装系列，这个春夏系列名为"双重效应"，可以在黑暗中发光。他设计的服装呈现闪着微光的白色，在灯光下透射出空灵的光芒，在黑暗中则呈现蓝色和绿色。这些服装由亚麻和竹子等天然纤维与交织了发光长丝的人造纤维混纺制成。

发光长丝为服装和服饰增加了强烈的时尚效果，但它们也适用于其他行业，如室内装饰和产品设计，以及安全生产行业的反光工作服面料等。

台湾设计师约翰·库在2012年春夏东京时装周上，展示了他的作品"双重效应"。

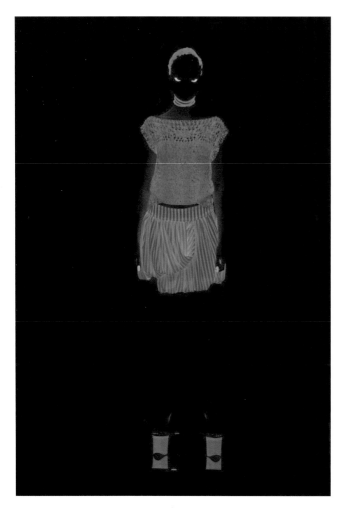

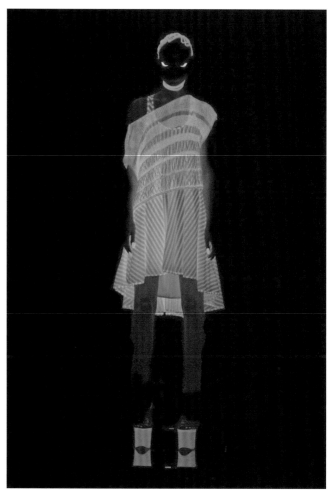

毕业于中央圣马丁学院的设计师金斯纳·李（Ginna Lee）设计的三维立体编织结构，他的作品表达了"特定的情感时刻或状态下的视觉表现"。

案例学习
克雷格·劳伦斯

克雷格·劳伦斯 (Craig Lawrence) 出生于英国萨福克郡的伊普斯维奇,是英国耀眼的新锐设计师之一,他曾经在中央圣马丁学院学习时装设计,毕业后为加勒斯·普 (Gareth Pugh) 效力,为其设计针织服装,积累了丰富的经验。他现在已经拥有了位于伦敦的工作室。

他的作品探索了体量和结构,他的特色是富有创新精神和实验性的针织服装设计。"我为那些敢于穿我服装的人而设计"克雷格说——这一言辞反映在那些穿着他所设计服装的名人名单上,包括嘎嘎小姐 (Lady Gaga)、蒂尔达·斯温顿 (Tilda Swinton)、比约克 (Bjork) 和弗洛伦斯·韦尔奇 (Florence Welch)。

克雷格曾经连续6年荣获英国时装理事会的新时代奖。他也令人艳羡地获得国际媒体的支持,包括为他的作品做特别版的 *AnOther* 杂志,蒂尔达·斯温顿穿着他的设计登上了该刊。他一直与 *Dazed & Confused* 的编辑凯特·希林福德 (Kate Shillingford) 合作关于针织和造型方面的项目。

怎样才能成为一名成功的针织服装设计师?

最重要的是能从不同的事物中获取灵感——不寻常的技术和材料。实践最关键。

是什么激发了你的灵感并影响了你的设计?

我所到之处的环境,例如海边小镇费利克斯托港,这里离我长大的地方很近。我每一季都参观的DIY工厂,在那里我总能获得惊人的灵感。

设计一个系列最困难的是哪一环节?

我总是情不自禁地使用不同的纱线和技术做试验,所以最后能够编辑成一个统一而整体的作品系列是我最大的挑战。

设计和制作过程中你使用什么型号的机器?

我的大部分编织都在家用编织机上完成。我也做一些手工编织,下一季的制作,我们将搬去工业厂房。

能用几句话描述你的设计过程么?

我从研究图片开始,这些直接关系一个作品系列的纱线和色彩。然后由此尝试不同的编织技术,以最好的方式来展示纱线。挑选出我准备用于设计开发的小样,由此开始设计作品系列的廓型。

你对制作过程的参与度如何?

因为整个过程都是有序进行的,所有样品都是在工作室里花费长时间制作的。

你觉得创业和为自己工作的优点是什么?

自由开发设计,跟着自己的节奏走。

你对自己品牌的前景有何想法?

要一直用不同的、新鲜的切入点来尝试和创新针织服装设计,永远不要停滞不前,总会有新的惊喜,开快闪店和做与快闪式相关的项目是我近期的目标。

你给一个有抱负的针织服装设计师的忠告是什么?

应该不断地研究纱线和纹理。如果发现自己喜欢的东西,就买下来或者拍照,当时它可能没什么意义,但不久的将来它就是你的灵感源泉。面对那些让你感到害怕的事物你要以开放的心态来对待。

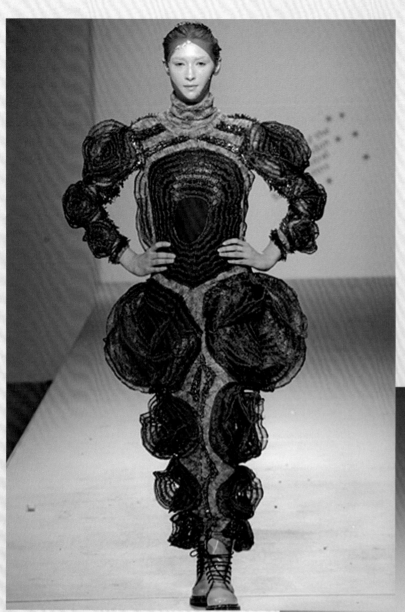

左图：克雷格·劳伦斯设计的机织紫色雕塑感礼服，灵感来源于金属丝和金箔制成的六角形圣诞装饰品，约克（Bjork）在2010年瑞典极地音乐奖（Polar Music Prize）颁奖典礼上穿着这件服装。

下图：克雷格·劳伦斯设计的精雕细琢的全长礼服，围绕着身体采用了球面、框架、梯形的编织方式进行塑造。

可持续性

　　近年来，人们越来越强的社会环境意识决定了他们日渐浓厚的时尚环保兴趣。这在一定程度上是由于媒体曝光率的增加和消费态度的改变，使公众意识随之增强，他们总是能做出明智的决定。由于名人代言和模特们的支持，例如劳拉·贝利 (Laura Bailey)、设计师斯特拉·麦科特尼 (Stella McCartney) 和维恩·海明威 (Wayne Hemingway)，主持人和自然博物学家大卫·爱登堡 (David Attenborough)，以及一些作为主要驱动力的环保时尚品牌的诞生，诸如North Circular (模特莉莉·科尔创建的环保时尚品牌)，可持续性在时尚界已经提到议事日程。

　　针织行业已经被迫做出反应，设计师们开始与科学家和专业机构合作，去审视和完善回收议程。新的动态包括使用环保和可生物降解的纱线，改进染色和后整理方法，更大程度地改良机械和织造过程，以及纺织技术，所有这些都是围绕着减少整个行业对环境的影响而设计的。

层次丰富的针织服装环保系列作品，使用了一系列不同克重的面料，由美国设计师劳伦·西格尔 (Lauren Siegel) 设计，他在2010年温哥华时装周荣获"明日之星"奖。

升级再造

升级再造是指从通过将旧物改造,从而衍生出新的物品。它是把不想要的东西更新,改造并转换成为新的更有价值的产品的实践。有趣的升级再造领域最出色的人物要数代表自由奔放的美国女设计师凯特怀斯 (Katwise),她最开始是将旧的针织品回收,然后制作成为色彩鲜艳的毛衣,并且在她的旅途中为它们找到了市场,这种大胆的尝试成就了她这份成功而有趣的事业。她的许多设计都是将针织物进行拼缝、包缝和缝合而创造的,每一个设计都是独一无二的,并且都有着自己的名字,比如"精灵的外套"、"迷幻拼接彩虹外套"、"红橙色火焰凤凰外套"和"迷情外套"等。她设计的服装产品类别从长裙外套到连帽衫和手套、腿套,不一而足,所有这些都是再造的或者按客户要求定制的。

设计师莎拉·拉蒂 (Sarah Ratty) 的生态服装,在1993年以生态品牌Conscious Earthwear而创造,利用回收的毛衣制作而成,是另一个非常出色的升级再造案例。

最近几年人们重新对复古时尚燃起了兴趣,包括修修补补尽量利用原有的东西,回收和再造,按客户要求修改衣服,生产穿法不止一种的多功能服装等。

许多品牌的解构主义风格时装也受到欢迎并重返国际T台,包括All Saints和Diesel品牌,都展示了他们具有环保意识的时装系列,这在引起媒体关注的同时也为高街提供了环保的时尚。

上图:凯特怀斯 (Katwise,Kat O'Sullivan) 设计的奶油色循环再利用针织外套,使用锁边的丝线、蕾丝、罗纹针织衣片拼接而成。

右图:梅克皮斯 (Makepiece) 品牌的针织服装,使用的是来自可持续种植和环保生产的天然纱线。

可持续性服装

随着有机面料的开发，纺织服装业对那些可持续性服装越来越感兴趣，使用最细的羊绒与长纤维麻混纺，竹纤维与丝麻混纺，生产出环保并具有丰富色彩和可循环再造的各种纱线和丝线。

比如像海伦·斯托里 (Helen Store) 教授这样的设计师，他们的兴趣点在于将科学和艺术连接的新技术，并且已经参与了几个合作课题。而科学家托尼·瑞安 (Tony Ryan) 的"冬日仙境"项目，则研究可降解织物、生产过程中的零浪费以及最低影响的生产流程，并着眼于如何将这些应用于时尚，目的是实现更可持续的未来。

位于伦敦的产品设计工作室梅洛·卡洛夫 (Merel Karhof) 已经设计制作了一台风力驱动编织机 (见右图)。工作室将它的作品"定义在公共空间，使用人们共享的元素，从最常见的风到一些容易忽略的细节事物，比如一个井盖上的图案"。它们的许多项目都超越产品本身，探讨了关于可持续、再生、功能和形式的问题。

风力编织机的原理很简单，意在把风力产生的能量利用和转换成有效的机械能来驱动机器运转。从结构的外面朝里面编织，断断续续地获得织造成果，然后将它们集中起来单独包装。在这里，所织造的围巾所使用的时间都标识在标签上，使得每个产品都独一无二。如果风力强，针织机就会加速、增产。虽然天气决定了产量，但是整个系统成本低，而且环保。

每个设计师都有自己独特的工作方法。有一些设计师专注于先创造面料，然后围绕身体进行立裁和塑型。对于其他设计师来说则是更注重服装的造型、结构和廓型。通过探索各种工艺，结合技术，回顾过去设计师的工作，探寻纺织品文化，了解纱线的特性，才能开发和创造属于你自己的新点子。关注纱线和其他材料的新发展；把艺术、时装、纺织、设计和生产行业发生的大事件记录下来。设计时充分发挥自己的想象力和创造力，挖掘和试验新技术，将传统与现代相结合。解放你的思想，充分检验编织的可能性和潜力，突破各种界限和束缚。

左图：由产品设计师梅洛·卡洛夫发明的风力编织机，从结构的外面朝里面编织，取名为"风力编织工厂"。

右图：梅洛·卡洛夫发明的风力编织机编织的长条织物，断断续续地获得织造成果，然后将它们集中起来单独包装。每一条围巾的标签都明确标明了编织的日期和织造所用时间。

第5章

从设计到制作

设计是如何实现的? 这一章阐述了方案的形成与分析、制板、算料、服装的制作、后整理所涉及的各个步骤。在服装的开发过程中蕴含着很多创造性, 本章将为你展示如何裁剪一个平面纸样, 如何在人台上造型来实现你的设计。熟悉相关的基本知识, 如绘制一个基本造型, 计算一件合体服装所需要的用料等, 能够帮助你获得所需信息, 以成功完成一件服装或一个系列。

第166页图: "建筑风格的针织服装", 出自斯托尔·特伦德 (Stoll Trend) 2013年春夏发布会, 突出了建筑对针织服装设计中的影响。这件全成型服装采用了双面织物, 探究了特色的边缘设计, 以及打褶、折叠和褶裥效果, 反映了编织技术的广泛程度。

下图: 纳阿玛·里蒂 (Na'ama Rietti) 探索结构和形式的创意板。

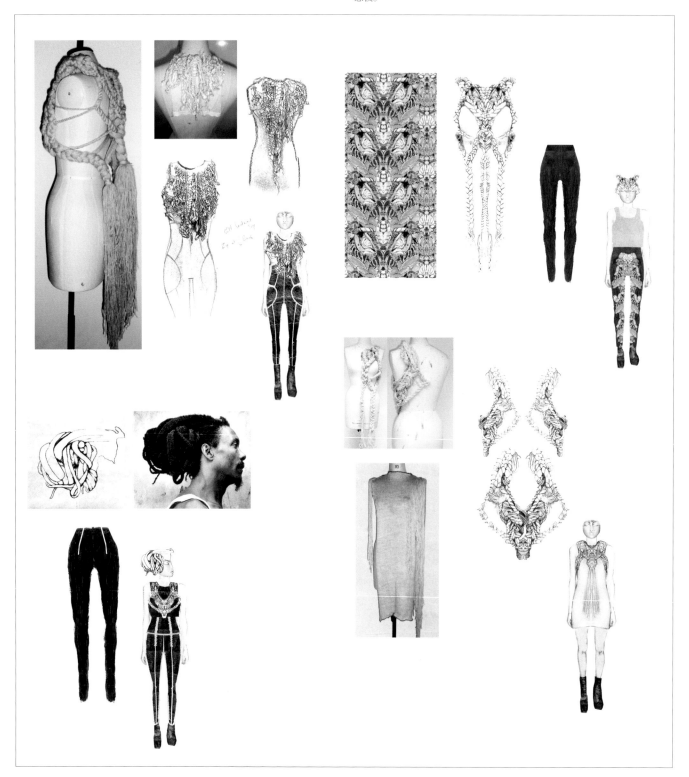

制作过程

创建和分析设计

↓

从2D到3D
平面
立裁
两种方法结合

↓

服装工艺图

↓

号型

↓

制板
全成型
裁剪成型
无缝针织

↓

原型制作
开发样衣

↓

编织小样
计算弹力

↓

花样描绘

↓

花样参数计算

↓

纱线需求量

↓

服装织造
服装或各服装品类的织造

↓

衣片熨烫定型

↓

服装缝合和后整理
包缝
接缝
手缝

以下是针织服装制作过程的不同阶段,然而,根据设计师和企业的不同,不同阶段的顺序可能有所差异。有的设计师在面料设计的同时对服装或服装产品类别进行规划,而有的设计师则是以技术为基础,从面料入手,然后获得廓型、服装款式和细节的设计创意。还有一些设计师则先确定廓型,然后根据当季的流行趋势制作出面料小样。

从设计到制作所设计的步骤较多,以下列出一些主要的,供参考:

1.创建和分析设计——考虑面料开发与廓型和身体的关系。

2.从2D到3D——从平面图开发出廓型,然后通过平面纸样裁剪或者在人台上塑型将其转化成三维的结构形态,或者两种方法兼用。

3.服装规格——服装工艺图,说明前片和后片的设计,列出服装部件的所有尺寸。

4.尺码——确定服装的号型和允许的松量。

5.纸样绘制——按比例制作纸样,确定造型线,领口和袖窿的造型,袖子和设计特征。

6.制作样衣——制作样衣或原型,确定服装的合体形态,分析服装在人体或者人体模型上的最终比例。

7.弹力测试——运用所选纱线、适度的弹力和所选择的组织结构,编织一个小片。通过识别行数和每厘米的针数就能得出精确的弹力参数。

8.纸样参数计算——基于弹力参数将服装规格转换成针数和行数,然后算出所有的收缩量,获得大致的服装造型。

9.纸样记录——参照规格图纸详细记录你的书面说明,或者画出服装形状。有的设计师喜欢用数学的方式计算出服装的版型,用清晰的数值将纸样画出来,也有一些设计师倾向于按比例绘制出他们的设计。

10.纱线需求量——计算出纱线需求量才算完成设计。

11.服装制作——编织大身衣片或者根据尺寸编织服装的每一片。

12.衣片熨烫定型——将衣片进行熨烫定型(可以将每一片单独固定在熨烫垫上),熨烫时要确保每一片尺寸的准确性。

13.服装缝合和后期整理——确定针织服装原型选择适合于服装风格的后整理技术。

一件衣服的成功制作需要很大的耐心,所以每一步都不能仓促行事,要系统地进行,这样你才能学到新技术并找到新的解决问题的方法。你方案规划的时间越久,成功的机率就越大。

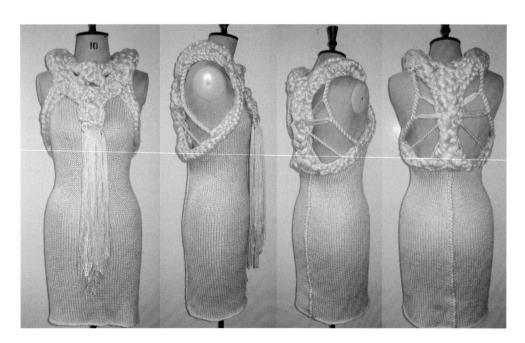

在人台上塑型的雕塑风格真丝连衣裙。设计师:纳阿玛·里蒂。

创建和分析设计

　　开始设计的时候，首先查阅你收集的资料（见第2章），然后考虑服装的类型和想要的廓型。服装可以从最简单的造型开始设计——如基础款落肩袖套头毛衫。通过对样板进行拉长、加宽或者塑型，很容易改变服装的基本造型。同时考虑第3章中我们已经探讨过的色彩颜色、纱线和纹理，以及一些其他因素，比如组织结构的技术和创新工艺等（详见第4章）。

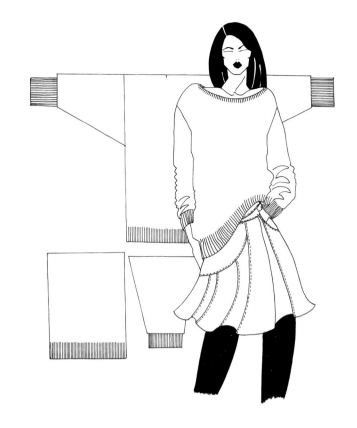

下图：玛塞拉·阿巴尔（Marcela Abal）和玛丽亚·恩斯·佩塞（Maria Ines Pays）使用手工编织，探索了绞花、辫花和部分编织工艺，并且尝试了图案的各种比例。

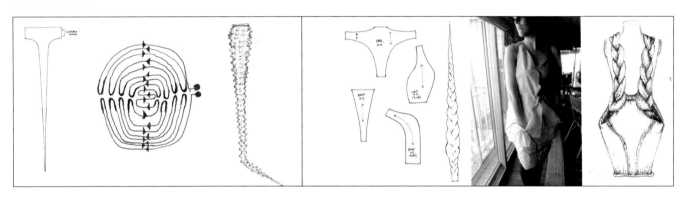

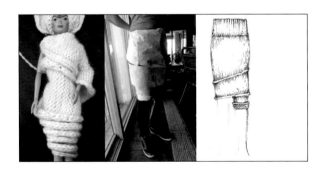

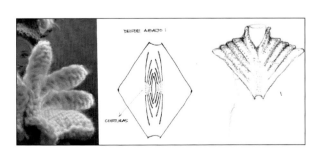

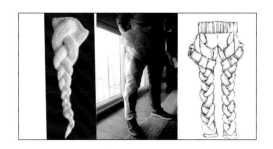

	设计变化与调整
服装类型	大衣, 夹克, 连帽衫, 披风, 披肩, 羊毛开衫, 芭蕾舞风格的和服式无扣开衫, 两件套毛衣, 套头衫, 无袖背心, 马甲式背心, 短紧身衣, 束腰式, 塔巴德式 (无袖外套), 女式紧身马甲, 波蕾若式 (有袖或无袖的前胸敞开式女短上衣), 女式带袖短披肩, 礼服, 裙, 裙子, 女连衫裤 (见第2章款式指南)
廓型	T 型, A型, 曲线型, 高腰式, 梯型, 茧型, 公主式
衣长	缩短或者加长设计的廓型, 调整基础原型的衣长
衣宽	加宽大身衣片, 使基本造型加宽。分析与基本廓型有何不同, 再适当加宽或者调整 使用罗纹, 增加弹力或者塑造腰部, 使其收腰, 塑造更合体的风格
肩部造型	根据肩宽线来造型和设计 (落肩、平肩、插肩、抽褶肩或者垫肩)
领口风格	考虑衣领的开合方式和整体效果, 对基础款的领口造型进行调整, 满足想要的形状 (水手领、一字领, V领, 方领, 椭圆领, 船型领, 束带领, 叠领, 鸡心领, 钥匙孔式领, 开叉领, 不对称领, 背心式领, 女式深开式领, 露肩型领, 后低垂领, 马球领, 漏斗领, 高翻领, 垂褶领或风帽垂褶领)。考虑领子的接装方式 (彼得潘领, 对开领, 披肩式女服领, 中式领, 连领, 衬衫领, 翻领, 格子领, 荡领, 围巾领或披肩领)。 变换整体效果, 给衣领添加一个兜帽, 如在后领处塑型, 添加一个可拆卸的兜帽和围巾
袖窿造型	通过下移肩线或者插肩改变袖窿的造型。调整袖窿和袖山来完成想要的设计 (落肩袖, 插肩袖, 方形袖, 窄袖, 包肩袖, 跨肩袖, 和服袖, 土尔曼袖, 蝙蝠袖, 喇叭形斗篷袖或碎褶袖)
袖长	根据需要调整袖子的长度, 例如, 长袖, 七分袖或者短袖
袖型	考虑袖子的风格和造型 (直筒袖, 和体袖, 短袖, 喇叭袖, 披肩袖, 灯笼袖, 过肩袖, 插肩袖, 羊腿袖, 褶裥袖, 钟型袖, 蝙蝠袖, 和服袖, 喇叭形披肩袖或紧身披肩袖)

	设计变化与调整
袖克夫	考虑袖克夫的长度、宽度、造型以及整体效果。如纽扣袖、系绳袖、蕾丝袖、链扣袖、双袖、翻折式袖、抽褶袖、针织卷边袖、锯齿边袖、装饰机织或手工编织花边袖、抽带袖、弹力袖、花边袖、喇叭袖、荷叶边袖、缝合袖、搭襻袖、滚边袖、翻边袖或羽毛袖,或使用各种规格的罗纹袖 (1×1、2×1、2×2、3×1、变形、绞花、圆筒编织或假罗纹,见第3章)
开合与紧固件	考虑开合的目的 (功能性、实用性或者装饰性) 和风格 (扣位和门襟,半开合,对襟,纽扣式对襟,肩部开合,拉链开合 (可见拉链,隐形拉链,开口式拉链或双头拉链)、套锁扣和领带式扣,系带和抽绳式等)
口袋	考虑为你的设计添加口袋,思考口袋的风格、位置、大小和类型 (贴袋,纽扣式翻袋,箱型褶裥侧袋,侧缝插袋,可收缩、调节、拆卸的口袋),以及实用性和装饰性的设计特征
造型线	充分考虑服装的造型线,包括A型、军装风、单排或双排扣、修身款、宽松版、瀑布式或者不对称式。考虑添加插片或育克
下摆	下摆造型:使用成型式,悬垂式,曲线式,三角形式,不对称式,不规整式,磨毛做旧式。可以考虑添加腰褶,荷叶边,花边或罗纹,营造不同的效果
紧固件	添加纽扣、拉链等固件 (金属的,塑料模制的,看得见的,隐形的,开放式的,装饰性的,功能性的),套环或盘花形的,纽襻,结带,安全别针,鞋带,皮带扣,鸡眼纽扣,风钩或带扣
边饰与辅料	边饰包括荷叶边,绞花边,蕾丝边,刺绣边,钩花边,织物边,肘部补丁,人造毛边饰,肩章或者肩部流苏 融入一些细节,如装饰性抽褶刺绣,褶裥饰边,刺绣,珠绣,贴花,绗缝,钩编,外翻或变形接缝,明线,镶边,流苏,皮条,仿鹿皮和梭织辅料,辫绳,缎带,图案,拼接,嵌花和钉饰
缝合技术	运用各种缝合技术,如全成型,裁剪成型,锁缝,直缝,装饰或者创新缝,缩缝技术或无缝针织

　　上面的列表并不详尽。随着经验的增长,你在纸样绘制和缝合技术方面的创意将更加开阔,你的设计会日臻成熟。然而,一定要注意,不能因为过多的接缝、造型线和复杂的形状而影响了图案、纹理和色彩。当今许多最流行的针织服装设计师通常都选择简单的廓型,反而将重点放在色彩和复杂的组织结构上,以此创造出令人惊艳的面料。

从2D到3D分析你的设计

在勾画出草图,探究了设计的各种可能性之后,下一步是分析并将设计定稿从二维平面草图转化成三维立体的成品服装。绘制前、后片工艺图,考虑所有设计的可行性,放大细节,周全地完成设计——如紧固件的类型、辅料、接缝效果,以及面料的克重和悬垂性等。

下图:亚历山大·奥尔里德奇(Alexanda Aldridge)带有平面款式图的服装设计。

右图:分析设计的时候,画出服装的前后效果,作为清晰的工作图纸,如图中的全成型围巾领的毛衫,显示了领部、袖口和下摆都有宽宽的罗纹,根据这些信息再转换成样板。

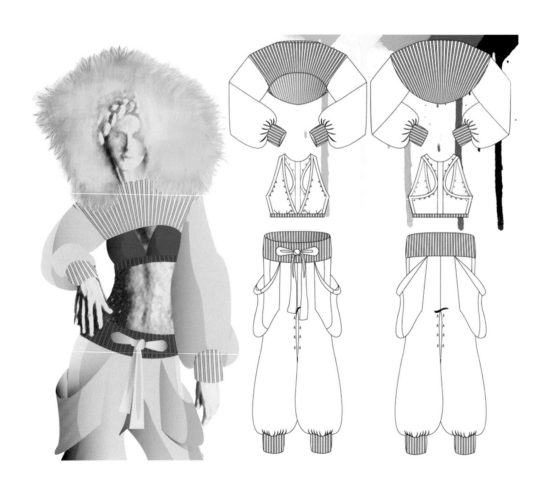

服装工艺图

针织服装设计稿确定下来后,下一步就要精确地画出设计图,最好是按比例缩放,因为它能帮助你欣赏和分析设计的整体效果。在行业内,这种图叫做工艺图、示意图或生产图纸。这是一个使用直线画的清晰的图纸,上面明确地标明了口袋的位置,领型,以及其他的主要特征。这将帮助你从头至尾理顺你的设计,让你清晰地规划每个阶段,给你完全的自主,让你对制作的每个一步骤都能够充分理解。

按正确的比例绘制出你的设计,展示罗纹和细节。通过图解说明、添加注释或将一个样片附到你的款式图中,来展示确切的针织花纹组织结构。在行业内,为了更精确,通常使用计算机软件绘制工艺图。仔细考虑服装设计与人体的关系,思考你想要的服装类型、廓型、合体度(宽松、茧型、锥型)、领口线、袖窿、肩和袖线及其造型。工作时做好笔记,把一些数据记录在草图上,比如衣长、袖长、设计细节的参考数据等。当你在制板和实际制作时可以很容易地返回来参考这些信息。

样衣号型规格	号型范围	部门			季节:	
备注	日期:	日期:	日期:	日期:	开始日期:	
					姓名:	
	原始样衣规格:	原型:	第一次修正:	第二次修正:	描述: 基本款长袖针织上衣	
前身长(及臀)					款式图:	
后身长(及臀)						
腋下2.5cm处量胸围						
肩宽						
从肩高点向下12.7cm处量前宽						
从肩高点向下12.7cm处量背宽						
从肩点量袖长						
直线测量袖窿长度						
袖山高						
袖肥(腋下2.5cm起量)						
袖口高度						
袖口围1/2尺寸						
肩斜度						
从肩高点向下38cm处量腰围						
直线测量底摆围度(1/2尺寸)						
总领宽						
前领深						
后领深						
从前中心线量领宽						
					修改意见:	
袋宽						
袋深						
袋盖宽(上口)						
袋盖长(侧口)						
袋盖长(中心)						
顶袋宽						
顶袋距前中的位置						
前育克到臀围的长度					制表:	
后育克到臀围的长度						
					审核:	

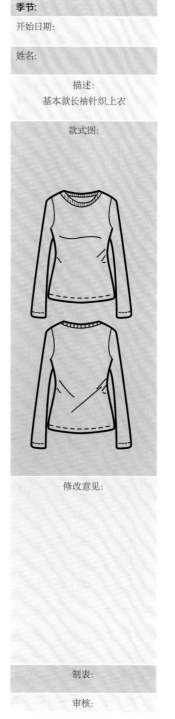

案例学习

爱丽丝·帕默

　　针织服装设计师爱丽丝·帕默（Allice Palmer）打破了针织服装设计与制作之间的界限。她对图案、形式和造型情有独钟，服装创作的灵感主要来源于艺术和建筑。她用传统与非传统技术相结合的方式编织的服装既大胆又现代。她的品牌具有强烈而独特的美感，再加上可持续性的制作方法，不会造成任何面料的浪费。

　　爱丽丝的2012年春夏时装系列"星际"的灵感来自英国音乐人大卫·鲍伊（David Bowie）和华丽摇滚，以及多面体、拓扑学和欧普艺术。这个奢华的作品系列采用细针织蚕丝和竹纤维制作而成，质感轻盈精致，廓型上采用了经过处理的定制形式，如结构柔和的夹克和将变形条纹与梯形编织结合的垂褶裙。

　　爱丽丝获得皇家艺术学院硕士学位后，曾在伦敦、东京和纽约举办自己的时装秀。2008年9月，当她在纽约展示2009年春夏时装系列"纽约的概况"时，获得了赞助商ASOS颁发的最佳女装设计师奖。

　　爱丽丝曾经在苏格兰时尚大奖上被提名为年度最年轻的设计师，2010年在科文特花园被选为"时尚边缘大奖"三个决赛选手之一。

是什么促使你成为一名时装设计师？

　　我第一次接触机器针织是我在格拉斯哥艺术学院读针织纺织品学士学位的时候。我发现色彩与纱线的结合有无限的可能性，很让人上瘾，但是从无到有的过程更令我兴奋，这也是让我真正踏入针织设计之门的原因。

你品牌背后的概念是什么？

　　我结合使用传统的针织技术和非传统的方法制作服装，使用环保的制作方法，织物零浪费。

你能用几句话描述你的设计过程么？

　　我使用的是2007年7月我在皇家艺术学院硕士学位结束时特别研发的技术，叫做"多面体"，这是一个三维立体针织技术，能在编织机上直接织出织物的尖角部分，运用了高低对接的定位，结合使用支架和打褶凸轮。

你在制作时使用什么类型的机器？

　　我在工作室使用杜比德工业用机器制样，然后在工厂生产时使用日本岛精机。

你在设计开发的时候是使用平面裁剪、在人台上立体塑型，还是兼而用之？

　　大多数时候我在人台上立体裁剪，开发思路，因为对于我来说围绕人体来设计很重要。而且直接在人台上将各部分定位也非常重要。

谁或者什么是你最大的艺术灵感？

　　我主要受艺术、建筑、科学和电影的启发。

左图：爱丽丝设计的2012年春夏时装作品"星际"，受华丽摇滚启发而创作。

下图：单粉色合体连衣裙，灵感来自大卫·鲍伊的华丽摇滚"永恒之星带"，它带有欧普艺术的弦外之音，出自爱丽丝2012年春夏作品系列"星际"。

同时还有错觉和数学美学以及多面体、拓扑学和欧普艺术的影响，这些都启发了我设计服装的结构、图案和轮廓。

你成功的秘诀是什么？

我花了好几年的时间获取针织技能和技术知识，为的是形成一种独特的审美，在激烈的行业竞争中这一点对于品牌来说非常重要，但我成功的主要秘诀是坚持不懈。

迄今，你最大的时尚成就是什么？

我最大的时尚成就是2010年我被约翰·加利亚诺（John Galliano）选出作为科文特花园"时尚边缘大奖"的决赛选手。

你给那些想创建自己时装/针织服装品牌的人们什么样的建议呢？

充分利用机会，在机会到来之时充分做好准备；最重要的是——永不放弃。

测量

设计过程的下一个阶段就是记录你所设计对象的测量值。一个测量仔细而准确并且记录有序的尺码表非常实用。例如，它可以存档以备将来参考，也可以用来检查号型和弹力。

胸围——始终环绕胸围最丰满的部位测量。对于男性和儿童来说需要测量完全展开的胸围，要确保卷尺在背后保持水平不扭曲，并根据需要添加松量。

肩宽——通过后背测量两肩端点之间的距离。当设计装袖的服装时，这是一个关键的尺寸。

腰围——把卷尺绕腰部一圈，让它刚好舒适合体地环绕自然腰线。当设计礼服、裙子、打底裤和裤装时，这个尺寸是必要的——既适用于收腰的服装，也可以根据款式添加松量。

臀围——围绕臀部最丰满的部位测量，根据需要添加松量。在设计裙子和裤子时，臀围尺寸非常重要。记住着装者应该能够屈体，并且坐时要舒服。

后中长——从后颈点向下到所需要的长度测量。

贴边——围绕你要添加贴边的身体部位测量，根据服装的个人舒适度适当添加松量。

后领口到手腕部——这个值在设计T型，插肩，斗篷式或者类似风格的服装时非常重要。让模特手臂伸展，微微屈膝。测量从后颈点到手腕或袖子的终点即手臂上某一点的长度。

肩到袖克夫——从肩到手腕的尺寸。这个测量值对于装袖风格非常重要。

臂围——手臂最粗处围量一周的，根据服装的款式和舒适度添加有效的松量。

手腕——围绕腕骨和并拢的指关节测量，然后比较这些尺寸；你需要留给手足够的空间，舒适地穿过袖口。

裙长——从自然腰线到所需裙子长度的尺寸，为了更精确，再测量一下身体的侧部。根据设计和制作的服装类型确定长度。

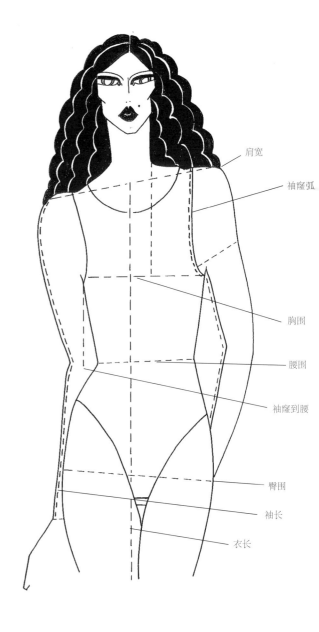

肩宽
袖隆弧
胸围
腰围
袖隆到腰
臀围
袖长
衣长

松量

松量——测量针织服装时，总要放出松量（尽管这与梭织面料不同，因为针织面料更加具有弹性和拉伸性）。松量是为人体测量值添加额外尺寸，以确保服装的舒适度，并方便运动。准确的松量值因服装风格和造型而各异。

一个决定松量值的简单方法是量一件符合要求的类似形状的衣服。总的来说，量胸围时，贴身再加5cm，因为这是可以活动的最小尺度，宽松的套头衫可以允许15～23cm的松量，甚至更多，这要根据你想达到的效果而定。

尺寸记录表

测量部位: 日期:

(a) 胸围

(b) 肩宽

(c) 袖窿深

(d) 袖窿到腰

(e) 衣长

(f) 腰围

(g) 臀围

(h) 内臂围

(i) 袖口宽

(j) 袖长

(k) 领宽

(l) 裙长

　　一旦你记下了身体的尺寸,可以根据类型添加所需的松量,然后记录下来,把它们填到工艺图上。

服装工艺单
弹力小样和服装信息

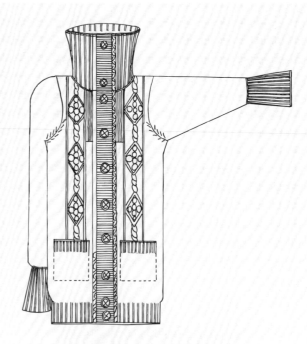

款式说明:
装袖全成型羊毛开衫,带有横开口的罗纹边镶嵌口袋设计。
高罗纹领、罗纹喇叭袖口和对比色装饰的罗纹下摆

设计编号: 270

日期: 2013/2014年秋冬

纱线: 顶级美利奴羊绒

纤维成分: DK蚕丝、精细美丽奴羊毛, 20%蚕丝和5%的开司米

弹力样片和罗纹细节: 带有浮雕感的梯脱与双绞花装饰 (如图)

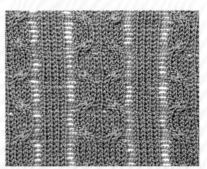

弹力罗纹: T4

总体弹力: T6, 标准

针织结构罗纹: 2×2罗纹

弹力罗纹:
Sts··············cms

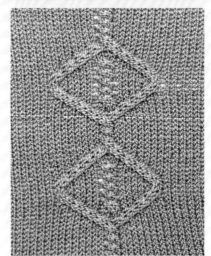

针织结构: 带有毛球嵌花和梯脱细节的绞花装饰纹理

总体弹力:
Sts··············cms

前片针织门襟翻边: 独立编织的前片横罗纹门襟翻边

辅料: 10×4绿色纽扣 (编号: JR2067)

口袋: 挖袋×2, 罗纹细节

纸样制作

当对设计效果满意之后,下一步就是制板。有两种制板的方法:立裁裁剪和平面裁剪,或者两种方法结合使用。最初的样板可能看起来不那么令人满意。然而,如果把它看作是你开发服装款式所需设计过程的简单的一部分,那么它就可以是一个令人满意的创造性活动。

立体裁剪

在人台上塑型又称为"立体裁剪"。将立裁纸或者和你的针织物类似重量的试样面料披挂在人台上或者模特上进行操作和裁剪,这是一个设计理念发展的过程,可以从三维的空间创造和开发你的服装设计;同时这也是一个产生新轮廓的过程。通过立体裁剪开发的造型,需要将其再转换成平面的纸样。非常有必要在工作的时候从各个角度对你的设计进行拍照,包括设计的细节,记录你的想法以备将来参考。

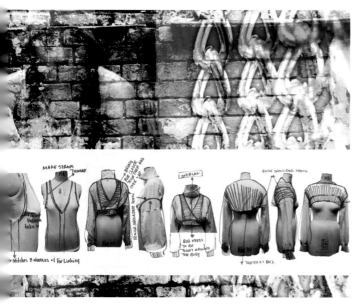

上图:受街头涂鸦文化和都市街头文化,以及20世纪80年代女性嘻哈艺术家的影响,亚里沙大·奥尔里德奇(Alexandra Aldridge)设计并在模特上塑造了作品系列"Shake it,Spray it,Shake it"(摇摆,喷雾,摇摆)。

右图:在人台或者人体模特上对织物进行立体裁剪、塑型和"雕刻",感受三维立体效果,如图所示为克莱尔·芒廷(Clare Mountain)在Threadbare设计的领部细节。

为了让你的创意成型,你需要卷尺、剪刀、记号笔和大头针。用记号笔来标记面料的直丝缕、领围线,并确定面料上的胸高点、腰线等关键位置。一旦服装设计完成,将衣片仔细地缝合成一件样衣,尺寸、合体度、松量、服装比例和悬垂感等效果可以在恰当身高和比例的人体模特身上来完成检验。这让你有机会来审视最后的服装款式与适体度。

当你对结果满意的时候,就可以把样衣拆开,用这些衣片制成纸样。非常有必要将你的纸样的前片、后片、侧片、腰带等各片标记清晰。立体裁剪能让设计师通过雕塑性的披挂,完全自由地探索造型和结构,对面料进行褶皱处理,创造有趣的设计特征,并进行细节的挖掘,最终转化成为针织服装。

碧翠斯·卡拉奇·纽曼(Beatrice Korlekie Newman)使用部分编织工艺在人体模特上创作的设计。

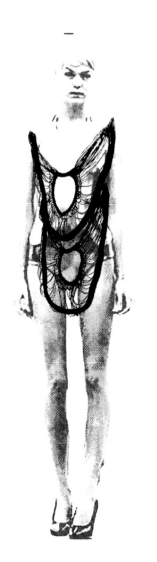
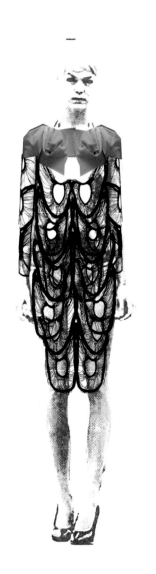
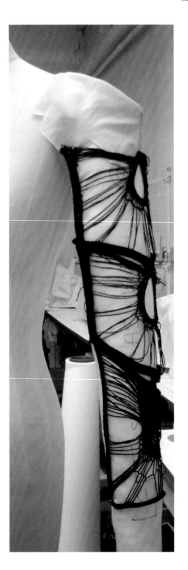
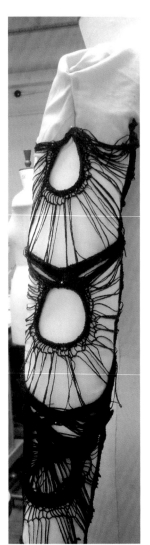

平面纸样裁剪

平面纸样裁剪是使用基本原型塑造服装造型的方法。一旦原型确定后，就要根据原型进行调整，添加服装的造型线、喇叭造型、褶裥、碎褶或拼接来创造服装的廓型。这种方法通常是用数学的方法来开发你的设计，因为每一个调整都需要尺子和曲线尺的帮助，进行核算和绘制。在使用平面方法的过程中，也很有必要三维地审视你的设计。随后将这些样板缝合起来，形成样衣，根据样衣对合体度进行调整。在行业内，平面纸样裁剪通常是由电脑软件完成的，然后很多设计师仍然选择徒手绘制纸样，画出基本原型，然后在上面直接工作，直至开发出自己的设计。

你同样需要绘制清晰的款式图，如第184页所示，记录下每一片所有相关的数值，并基于审美和实用的目的添加松量。

制作纸样或基本原型的几种方法：

◆根据工业样板，使用推荐的纱线和针织组织结构，然后通过添加自己的想法来整合设计，比如采用不同的色彩搭配，添加辅料、饰边和流苏等，并选择一种制造方法。

◆使用四个矩形做基本造型（两个做前后身，另外两个做袖子），可以作为设计方案的有效起点。由于没有复杂的造型和各种核算，纸样绘制非常容易。根据这个基本造型，你就可以通过调整和开发你自己的廓型来进行试验。

◆使用商业的纸样做基本造型。可以将其调整成为适合自己的设计。如加长整体设计，增加衣身长度并修整袖窿弧线，从臀围线下直丝部分调整裙长。

◆绘制一个原尺寸的基本版型，这将有利于你开发出自己独特的版型，并添加属于你的造型线、育克和插片，这种方式可以让你看到最终的尺寸和比例效果。

◆许多手工和缝纫机的纸样现在都有说明服装造型和尺寸的生产/示意图。可以对其进行调整，并开发出一系列可用的版型。

基础版型的绘制

  针织服装的版型通常比梭织面料服装的版型简单得多，因为针织织物有弹性，可以拉伸适合三维的人体体型，不需要省道和复杂的造型。因此，针织服装的基础版型通常都非常简单。运用你的测量数值绘制基本版，包括可允许范围内的松量。

  1.绘制半个版型非常容易，使用大张卡纸、铅笔、尺子或者三角尺，画一条长长的垂直线，沿一侧标注为纸样的中心线。然后创建一个矩形，矩形的宽度是一半胸围的的尺寸，长度即衣长。然后标注领宽的一半、领深、肩宽和肩斜。测量从肩点到腋下点的长度，计算袖窿深。根据服装款式添加额外的松量。从肩部到袖窿点的尺寸是半个袖山值。

  2.从接近半个领深的地方开始，使用三角板和曲线板画前领窝的曲线形状。这可以通过测量一件类似款式的服装来估算，并在前领宽的一半处结束。使用三角尺和曲线板将袖窿调整圆顺。

  3.完成的大身基本版型可以做为模板将你设计的款式开发和转换成为适合生产的纸样。一旦你根据自己的样板制成了你的第一件服装，你就能制定出满足你需求和设计风格的特殊尺寸。从一开始，你就需要有条不紊地进行你的设计，通过反复试验，不断完善服装的造型，每一个步骤都不要着急，对设计要进行彻底地分析。

  如前面所提到的，要谨记最成功的服装设计通常是使用最简单的造型，为了达到效果，可以搭配有趣的色彩组合、针织组织结构和纹理。

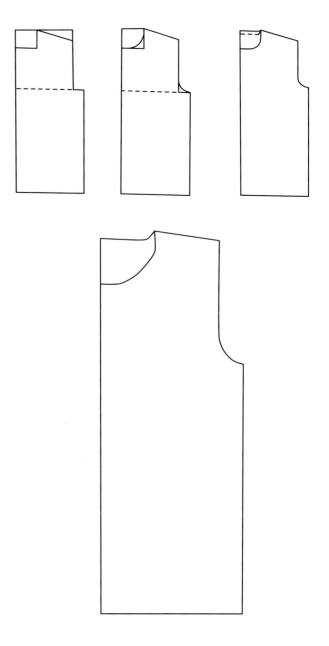

用来绘制任何服装版型的基本样板，通过调整长度和宽度来创造新的和富有创意的服装造型。

领口及其造型

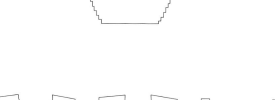

因为会影响到领宽和领深，所以要考虑一下领口的完成效果，例如一个罗纹领口与一个连帽领口的尺寸是不同的。

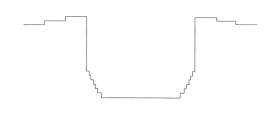

领型的变化很多，你可以将它们融入到你的设计中。查看一下你的设计，使用绘图纸画出草图，根据弹力选择适合的领型。

如款式目录中所示（见第172、173页），有各种各样的领型。经典的圆领通常允许的基本领宽范围：女款为16～18cm，男款为21～23cm。领深大约是这个尺寸的一半，尽管如此，由于具体设计风格不同，这两组尺寸也会有所差别。如果你不太确定，可以参考类似款式的服装，将其尺寸应用到你自己的设计中。或者你也可以购买测量领口尺寸的模板。

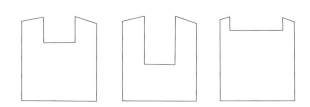

在绘图纸上画出领子的设计图，参考弹力数值画出领子的造型。可以是一个完全的正方形，或者设计时可以稍微有点圆，如图所示，呈现出一个柔和的外观。

通过仔细设计和绘制基础样板，你可以很容易地对基本圆领款式进行拓展，设计和计算出不同造型的领口。例如，一个马球衫领口的制作和圆领很相似，虽然前领深较浅，前领和后领宽度也按比例增大，周长还是相同的。又如披风领的纸样就要绘制得更宽些，为26cm，但领深较小。

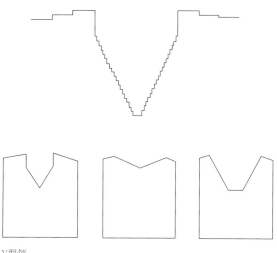

V型领。

绘制基本袖型

1.同样，只需要绘制半个袖子就比较容易了: 在纸上画一条垂直线，作为袖子的中心。在线的底部画袖口的半个宽度，使用三角尺标记一个水平线作为袖宽。水平线代表袖山头底部袖子的宽度，它是通过测量你的大身主版上的袖窿尺寸来计算的。从垂直线的顶部到水平线画一条对角线。

2.给袖山画一个曲线，从垂直线的顶部开始画一个凸曲线，然后反向画凹曲线连接到水平线，这刚好是腋下点。这里需要测量袖山的深度。画袖口的形状。

3.从腋窝下那一点画一条到袖口上部的线构成了腋下那条缝合线，完成袖子的样板。可以对其进行调整，融入到你自己设计的造型中。

全尺寸的设计绘制出来之后，你就可以查看服装的比例，这能够帮助你决定边缘图案的宽度、育克的位置或前扣搭位的宽度。

可以对基础原型和袖子原型进行调整、开发，对关键部位进行调整，如收缩腰身，构成一个育克或者改变袖子的造型等。

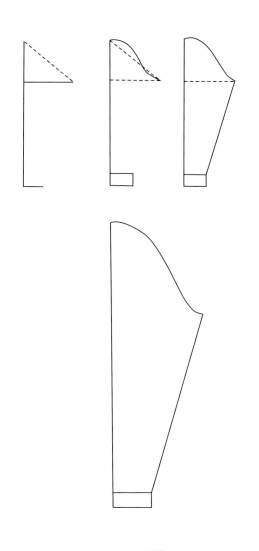

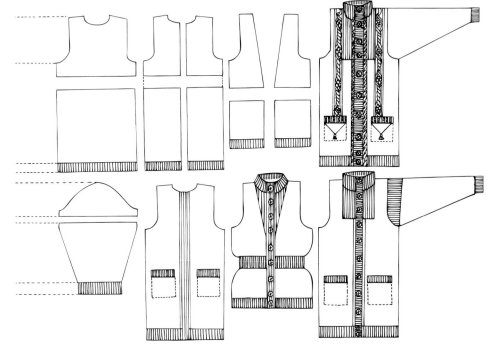

上图: 绘制袖子基础版型。

右图: 对纸样进行调整的款式线。

针织密度小样和密度计算

一些针织制造者通常低估了编织成衣前先编织一个密度小样的必要性。密度（也是众所周知的机号）用于确定为实现理想造型每一寸或每一厘米所需要的针数和行数。只有仔细检查编织物的合适密度，设计师才能确保即将投入生产的成衣尺寸和版型的正确性。针织密度小样能帮助你测量编织物密度并计算出起针的针数、编织的行数以及在哪加针和减针。

首先选择你设计的产品所用的纱线和组织结构，然后决定即将编织的密度小样选择什么样的机号或密度。这是一种个人判断，通常根据设计师个人的经验而定。然而，如果你不太确定，就按不同的密度多编织几个小样。你可以从中比较一下纹理、重量、织物厚度，仔细考虑所织造面料的质量和手感，从而选择一个最适合你设计的密度。

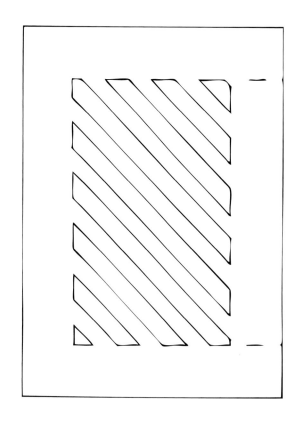

上图：织造一件精准合身的衣服之前，编织一片密度小样或者样品非常重要。

左图：仔细测量密度小样，以计算编织一件服装所需的针数和行数，从而得到准确的尺寸和版型。

如果你使用的是买来的工业用样板，也要检查密度，在必要的地方进行调整。

机织纱线密度

在家用编织机上设置断纱张力盘有两个非常重要的原因:

◆圆盘上的弹簧控制纱线的运动,生成了持续平衡的拉力。这样可以防止在编织物的边缘形成线套,这是初学者常见的问题。

◆圆盘还可以防止在针织三角座滑架上发生纱线缠绕的问题。

记住要根据所用纱线的粗细设置密度盘。蜡盘的使用可以帮助纱线通过纱线密度装置和导纱器喂纱,让编织过程更顺畅。给纱线上蜡可以防止脆弱的纱线断开,帮助高度变形的纱线在进入导纱器的过程中不至于发生缠绕现象。

手编纱线密度

密度因编织的每个人、所用纱线的类型和机针的型号而各不相同。因此对于手工编织者来说,在制作纸样和服装之前要编织样片来检验针织物的密度,这是非常重要的。

通常编织一片足够大的小样,供你在几个位置测试以得到精确的密度读数;20cm见方的形状比较理想。

一旦密度小样编织完后,必须将其在编织针上拉伸后回缩。在蒸汽按压和熨烫之前,密度小样放置的时间越长,密度读数就越精确。因为织物会再次回缩,熨烫之后也要静置一段时间。重要的是,你对密度小样的处理应该与对成衣的处理如出一辙(整烫、冷压印等)。

把密度小样放在一个平整的表面上,中间用废纱线标记一个10cm的方块。因为样片的边缘可能会变形,所以在中间这个10cm区域测量求得的密度读数比较准确。把针数和行数合成厘米数。

检查一下针型的兼容性也非常重要,例如,一件带有对比育克设计的套头衫,在设计中引入了第二个花纹,它必须与大身主体针型结构相补充,并且在密度、重量和外观方面都是一致的。因此,如果你想要在任何一件衣服上使用两种或两种以上的组织结构,就需要花费时间,让纱线的重量、针型和织物结构相协调。罗纹和大身都需要编织密度小样。

样板计算

要想制成样板,服装的每一片都要计算精准。通过小样计算的密度数值乘以服装尺寸,计算出每一片服装所需编织的针数和行数。

例如:

密度值=25针/10cm或30行/10cm(2.5针/cm或3行/cm)

编织一个45cm×45cm的正方形:

45cm×2.5针/cm=112.5(约成一个整数,因此是112针)

45cm×3行/cm=135行

所以,如果你编织一个45cm×45cm的正方形,你要起112针,编织135行。

通过加针或减针来调整形状,把所有的尺寸换算成每厘米的针数和每一厘米的行数,计算起针部分与加减针后结束部分的差,从一个中减去另一个,找出尺寸的差别。

为了均匀分布,针的数量应该除以2(考虑在身体或袖子的两侧加减针)。例如,织袖片的形状要加针,如果加70针(每一侧加35针)140行,140行除以35,结果为4,这就是说,如果你想要加得均匀,你就应当每4行在两侧各加一针,一共35次,直到织完140行。

70÷2(袖子两侧)=35针加到袖子两侧

140行(袖长)÷35针=4行

因此每4行两侧各加一针

如果计算数字明显不可整除,可以四舍五入。或者可以在图纸上画草图,把增减处均匀分配,以获得最佳的造型。其某些情况下,你也可能想让服装的某一部位更具丰满度,那么就要在此处计算加减针的分布。

样板说明

一开始,样板说明显得非常复杂,但是如果有了一定的实践经验就会容易许多。当说明你自己的样板时,把方法写在笔记本上或示意图上是非常重要的(参见第175页),以便于以后参考。需要注意的内容包括:

◆对服装清晰的描述

◆测量值列表

◆编织主要面料的机器上的织法设置

◆罗纹或其他织法的设置

◆纱线细节,包括色彩、类型、染色号数和厂家等

◆主要面料和罗纹的密度

◆起针和收针的方法

椭圆领羊毛开衫的操作指南如下页所示。

样板说明

前视图　　　　　　　　后视图

款式描述：记录服装设计的细节，如带有腰线和腰带的罗纹开衫，在领口、袖口、下摆和贴袋上都有宽的绞花罗纹饰边。

缩写：
T=密度/机号
MT=大身密度/机号
RT=罗纹密度/机号
Sts=针法

后身： 起针 (X)，以 (X) 密度编织 (X) 行罗纹，变换成 (X) 密度，继续编织 (X) 行主面料，然后根据如下指示为袖窿处收针，根据草图计算出的数减针。

在下 (X) 行开始的地方收针，织袖窿型，编织 (X) 行到肩部，开始肩部造型。

肩部造型：在下一行或者后面一行的开始处收针。

将剩下的织完，在后背部收针。

左前： 起针 (X)，运用密度值，如后身一样完成，直至袖窿造型。

塑造袖窿造型，在下一行开始处收针，织一行，然后在下一行袖窿边处减 (X) 针，然后再织 (X) 行，直至领口造型。

领口造型：领口造型如下，在下一行开始处收 (X) 针，留 (X) 针。

在下一行领口的边缘减 (X) 针，然后在下面的数行继续减针，再继续直线编织。

肩部造型： 在下一行开始处和下面交替行收 (X) 针。编织 (X) 行后收针。

右前：如上左前所示操作，反向造型。

袖子（两侧相同）：运用密度值在罗纹处起 (X) 针，编织 (X) 行。变换成 (X) 密度继续编织主面料，每隔 (X) 行在结尾处加一针，直到编织成 (X) 行，针上留存X针。编织 (X) 行后收针。

领子：将肩缝缝在一起，围绕领口取下 (X) 针，编织 (X) 行，然后收针。

编织腰带：起 (X) 针，直接编织 (X) 行之后收针。

补充说明：包括任何一个关于补充纸样、领子、外接罗纹、内置拉链和纽扣的信息和说明。

缝制：有关缝制和结构工艺的注意事项。

　　根据技术和所采用的方法不同，样板也会有很大不同，大部分的说明书都很简洁。开始书写你自己的针织样板时，查阅一下商业针织纸样的布局，并将它们与你自己的需求相比较。公司都有他们自己的格式，一旦你了解了基本要素，你就会能很容易地将它们应用到你自己的说明书中。

计算纱线需求量

纱支是指纱线每单位长度的克重,知道了这一点你就能计算出织造一件服装需要使用多少纱线。国际上有几种不同的系统来衡量这一标准。这些包括旦尼尔系统和特克斯系统,两种都是以克为单位计算克重。有许多网站都提供详细的换算方法、比照表,以及每一个系统更深入的信息,你可以从中找到有用的参考资料。

单股,两股,三股,四股,双面编织,厚实蓬松的编织或者阿兰编织是指捻成纱线的股线数量;股数通常指手工编织时的单位。

算出一件服装精确的纱线用量不是件容易的事,这个要依据尺码而定,不同的组织结构纱线用量也不同。然而,可以通过测量密度小样,把它乘以衣长和衣宽来估算。这种计算方法可以适当地打出百分之十的余量。针织计算器也是一个非常有用的工具,可以帮助估算完成一个项目所需的纱线用量。

服装制作

一旦完成了设计分析,制作、检验和修改了样衣,完成了密度小样制作和计算之后,就可以开始织造了。如前面提到的,有的设计师凭直觉在人台上造型、修改和创作设计,而有的设计师则全面规划,通过手工、电子或使用电脑软件计算服装的每一个组成部分。

根据你的规格参数织造服装,无论是全成型编织还是分片塑型,根据纸样加减针给服装塑型,或者你也可以使用裁剪缝制方法,编织一块长的织物或者坯布,熨烫后再裁剪衣片。

定型和熨烫织物

当定型和熨烫时,目的是使每个衣片达到放松的状态,以获得准确尺寸。使用带填充物的衬垫或者熨烫台以及大头针来给你的作品熨烫和定型,定期将织物平整固定,避免织物变形。不要向外钉住服装或者熨烫罗纹,因为这会使服装失去弹性,让罗纹变平。注意不要过度熨烫你的密度小样或衣片,要轻轻地用蒸汽定型,然后静置一旁让他们回缩。

织物回缩后,取下大头针,按设计要求缝制服装。

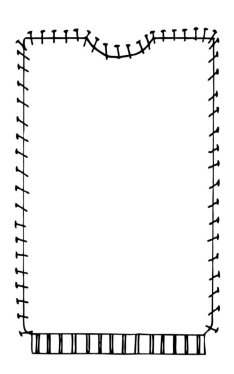

准备熨烫衣片。

缝合针织服装时注意不要拉伸衣片,以免接缝或织物变形。

服装缝合和后整理

针织服装的缝合有几种——不同类型的服装需要不同的技术。

手工缝合法

(a) 床垫针缝接缝可以用在服装的任何一个地方，完成后看起来整洁又专业。操作的时候织物的正面对着你，通过挑起两针边缘的脊线将各织物片连接在一起，从一边到另一边依次一针针用床垫针缝缝合，直到缝合边缘。这个效果非常适合高低缝法，几乎看不见接头。

(b) 嫁接缝是手工无痕缝合针织衣片的方法。这一技术可以应用到肩部接缝，罗纹与大身衣片的连接。把两个衣片连接在一起，操作时织物正面对着你，挑起一片织物边缝进行缝合，然后挑起另一片，将组织结构拉到与织物一样的密度。

(c) 回针缝的方法是手工操作的，可以形成一个结实、安全的接缝。它特别适用于接缝需要加固的位置，或者服装上受力较多的部位，例如肩缝。然而，它往往比较厚重。操作时将织物的正面放在一起，然后沿着边缘整齐地进行回针缝合，操作时所有的形状和图案要对齐。

(d) 装饰缝也可以用来将两片织物缝合在一起，同时会产生一个很有特色的接缝，与针织结构、色彩或者纹理形成鲜明对比。

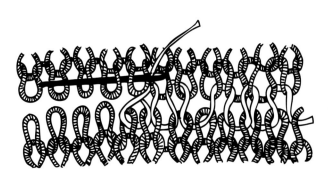

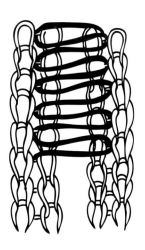

缝合服装。

机器缝合法

套口缝合

套口缝合是使用在套口机上产生的链式线迹将接缝连接起来的方法。使用套口机时让织物的正面对着你，织物的第一针放到套口机尖上。要确保针迹围绕套口机均衡分布。将织物的第二片以同样的方法和套口机连接在一起，但是织物的反面对着你，然后启动套口机，两片织物自动缝合在一起，形成一个整齐的接缝。

直接缝合

另一种缝合的方法，是使用家用或者工业用缝纫机。这是一种快速又容易的缝合方法。当然必须要不断地练习，因为这种方法很容易拉伸针织面料并使服装扭曲变形。缝纫的时候使用大头针固定织物接缝。在缝合衣服之前，使用恰当的针迹和针号在一个小测试片上做尝试。中号锯齿型缝在针织服装上的效果较好，直线针缝也同样如此，但如果出现失误，也会出现问题，需要拆去缝线。

缝合有插肩袖和落肩袖的服装

当缝合一件有插肩袖和落肩袖的服装时，可以使用简单的手工回针缝连接一道肩缝，通过嫁接缝和套口缝将针织物连接起来。

1. 缝合肩缝。
2. 添加领衬、领边、领子或者饰边。
3. 缝合第二道肩缝。
4. 装袖，在测量好的区域小心地放松量。
5. 缝合侧缝和腋下；重复另一只衣袖的操作。

如果把手工编织转换到机器上编织，记住织物的正反面。比如，如果你编织的是费尔岛设计，织物带流苏边的一侧要对着你。记住要把机器的密度值调整到小样测试时的密度值。手工编织的测试样本很重要，把它转换到机床上并检查针法在设计、克重和纹理方面的兼容性。

左图：从上到下是一系列编织花边，手工编织或机织均可。

    a) 多色锯齿边饰
    b) 双层锯齿边饰
    c) 槽边
    d) 彩边
    e) 循环粗花边
    f) 装饰网眼

左图：通过锁边缝将织物缝合在一起，形成一个结实的接缝，这是行业中使用的一种方法，既有功能性又有装饰性。

装饰边

　　装饰边可以用于各种服装，效果各异。如将一个机织的锯齿边嵌入到接缝处，缝合之后起到了画龙点睛的作用，或者沿着羊毛开衫的前门襟边缘或者毛衣的底边挑起针进行编织。花边的制作可以用机器编织、手工编织、钩针编织或者从商家买一个现成的成品都可以。

　　如果你既是手工编织也是机器编织的行家，手工编织花边是件非常有趣的事。两种技术可以很容易地结合在一起；使用转换工具可以很容易地把手工编织转换到机器编织上，机器编织也可以转换到手工编织针上。

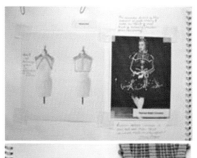

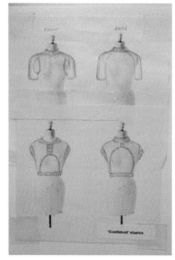

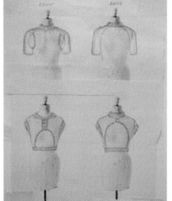

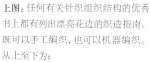

上图： 任何有关针织组织结构的优秀书上都列出漂亮花边的织造指南。既可以手工编织，也可以机器编织。

从上至下为：

a 长方形花边
b 维多利亚风格花边
c 叶形装饰花边
d 单流苏花边
e 双流苏花边

左图： 莎拉·伯顿（Sarah Burton）的新颖设计，探索了一系列工艺，对织物进行处理，获得了原创的成果。

有许多手工边饰制作起来很简单,如彩色罗纹、条纹罗纹、变形扭花罗纹、绞花罗纹和简单的蕾丝花边等。在任何一本有关针织组织结构的书中都可以找到制作方法,或者你也可以使用不同色彩和种类的纱线研发设计自己的花边。

许多花边和饰边在针织机上的制作方法都很类似。下列的花边制作简单,可以在单床上编织,包括假罗纹、平折边、月牙边、沟槽边或扇形边、蕾丝边、罗纹和滚边。关于这些的编织细节可以在大多数的编织机手册中找到,而且这些手册都提供了针织服装后整理的方法,与组织结构、色彩和纹理一起为编织增添了进一步乐趣。有些编织者不愿意尝试蕾丝花边和装饰边,认为它们制作起来太复杂,然而实际上它们很多编织起来非常简单,而且可以为服装创造对比效果。

通过反复试验,你可以设计你自己的花边。本节中介绍的几种花边是通过组合技术来创造的。例如,有一些将简单形状的编织边结合钩针或珠绣,加强设计感,增添纹理和色彩的装饰。

上图:装饰金属链镶嵌在织物中。设计师:亚历山大·奥尔里德奇。

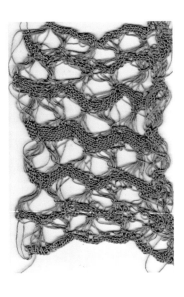  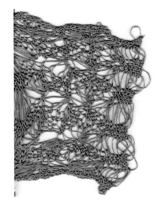 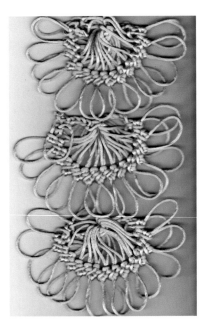

上图从左到右:由阿里特斯·科莱基·纽曼制作的装饰流苏和钩针花边,用途广泛,可以添加到任何一个织物上。

a) 镂空花边
b) 发夹结构花边
c) 短行网眼花边
d) 蕾丝网眼花边

右侧图:阿里特斯·科莱基·纽曼编织的发夹结构花边。

罗纹饰边

罗纹是正反针搭配组合在一起形成的各种不同而有趣的组织结构。罗纹可以用于衣袖、袖口和大身边缘，获得良好的效果，形成整齐的松紧边，并可以通过调整编织时的数值获得不同大小的罗纹。

如果你没有罗纹机，手织罗纹的效果也非常好，它是假罗纹最好的替代品。可以将它们用于机织的针织服装中，但它们的弹力很小或者几乎没有弹力，很难在织大身的机针上展开。简单的解决办法是手工编织边饰，然后继续手工编织几行机器编织的图案，换成所需型号的织针，保持手工编织与主要机织衣片一致。如果罗纹上的针比主衣片上的针少，在转换成机器编织之前完成加针。

有趣的手工罗纹组织包括1×1绞花罗纹、法式罗纹和粗花罗纹。

右图：1×1凸罗纹与横向编织织物连接，增加了织物的维度。设计师：亚历山德拉·奥尔德里。

下图：方向性罗纹织物与接缝效果。设计师：亚历山德拉·奥尔德里。

机织边饰

　　有很多机织边饰可以用于针织服装设计中，如牙边、多色或双层牙边、带滚边的辫花饰边、凹槽饰边和纽襻滚边。

上图：2×2罗纹结构。

右图：2×2凸罗纹。设计师：亚历山大·奥尔德里奇。

下右图：添加了金银链饰边的罗纹织物。设计师：亚历山大·奥尔德里奇。

专业术语

A

阿兰风格（Alan）——极具肌理感的针织风格，名字来源于苏格兰的阿兰群岛，以传统渔民毛衣上的复杂绞花、绒球和十字花纹，以及装饰织花图案为特色。

B

原型（Block）——用于平面制板的基础版型，可以对其进行调整和完善，创造出新的服装版型。

压烫造型（Blocking）——为了获得正确的尺寸，将织物或者衣片固定在熨烫板上准备整烫。

大身衣片（Body blank）——一块带罗纹和包边的针织织物，尺寸与裁剪缝制类针织服装制作中的服装造型相同。

C

色彩预测（Colour forecasting）——对即将到来季节色彩趋势的预测和推广。

色彩匹配（Colour matching）——匹配一种颜色，或将一种颜色与另一种互补色相匹配，以符合配色方案。

色彩设计（Colourways）——设计中不同的色彩颜色组合。

裁剪成型（Cut and sew）——针织服装的制作方法，从一块织物上裁剪服装组件，然后给衣片锁边并且缝制在一起，与全成型服装相对。

D

旦尼尔（Denier）——纱线纤维的线密度。

立裁裁剪（Draping）——在人台上立体造型和雕塑织物，以此实现设计的过程，就是俗称的立体塑型。

E

松量（Ease）——在纸样裁剪的过程中，计算出服装与身体实际尺寸之间的额外尺寸，便于运动和舒适性。

F

费尔岛式（Fair Isle）——源于设得兰群岛费尔岛的传统编织技术，一行编织两种或两种以上的颜色，不用的颜色或者纱线浮在织物的后面，这就形成了一种五彩缤纷的重复图案。

长丝细纤维（Filament）——细纺的线或者纤维，它是连续的，因此可以是任意长度。

平面纸样裁剪（Flat pattern cutting）——采用基本原型或者纸样的方法来实现服装的造型，添加款式设计线、喇叭裙摆和褶裥、抽褶、拼接来创造一件服装。

全成型服装（Fully fashioned）——通过每一个衣片的加针和减针精确地编织出所设计服装造型的方法，符合各测量值，与裁剪成型服装相对。

G

机号（Gauge）——在针织机规格中，针织机针床上每隔2.5cm针的数量。

涂鸦编织（Graffiti knitting）——见针织"轰炸"。

嫁接缝（Grafting）——看不见接缝的手工缝合方法。

H

手动横机（Hand flats）——手工操作工业用针织机，由于其手工操作和机器在缝合能力方面的多功能性，经常被一些独立的设计师和小的公司企业所用。

I

嵌花（Intarsia）——也称为色块，在一行编织两种或两种以上的颜色。这种工艺适合用于编织大面积的形状，例如编织图像或几何图形、抽象图案、字母，以及醒目大胆的设计。

提花（Jacquard）——在双针床机上生产的多色织花图案，外观效果和费尔岛编织很类似，但没有任何浮线。

K

针织"轰炸"（Knit bombing）——又名编织涂鸦，涂鸦编织和迷彩编织，全球流行的街头编织艺术，包括从个性化的灯柱到栏杆和公共雕像的环境定制。

结节纱（Knop）——花式人造纱，纵向带有规律或者不规律间隔的小的线圈结构纹理。

L

套口织造（Linking knitting）——使用手动或者自动的套口机，用链式线迹将两片织物连接在一起，形成一个整齐接缝的方法。

M

丝光处理（Mercerization）——一种对纤维素纤维或纱线的处理，例如棉或者麻，加强纤维韧性，并使其具有光泽的外观。

人台上塑型（Modelling on the stand）——在人台或人体模型上用纸或与针织织物克重相似的面料开发和拓展创意的方法。也称立体裁剪。

主题板（Moodboard）——一组充满灵感和视觉冲击力的图像和想法的集合，色彩小样、纱线和纹理都围绕一个选定的主题，并以一种有趣的信息方式呈现出来。也称概念或者设计灵感板。

O

包缝（Overlocking）——使用锁边缝纫机快速又容易地裁剪和自动修剪一片或者两片布料边缘的方法，用作做饰边，做折边和整理编织接缝。

P

部分针织（Partial knitting）——当编织一排的一部分时，然后在这排编织结束之前又改变了编织方法，给编织结构添加曲线和造型。也叫做短行编织。

细褶（Pin tuck）——将编织拉起，捏在一起形成一个小波纹。

股线（Ply）——一定数量的单根纤维或线捻合成具有一定粗度和重量的纱线。

一手调研（Primary research）——直接从原始资源和原始数据进行的调研，例如观察、询问、直接绘图、摄影、、参观博物馆和画廊，这些构成了初步设计过程的一部分。

工艺图（Production drawing）——精确地展示设计或者服装的正面、背面和设计细节的示意图。见规格图纸。

R

内在统一（Range building）——一组面料、纱线和服装，它们互相补充，形成一个在概念和均衡方面都统一的系列。

圆筒形编织（Rouleau knitting）——见管状编织。

褶饰编织（Ruched knitting）——从前一排挑起数针来改变针织织造的方法，这些挑起的针数可以均匀分布，也可以随机，产生抽褶的三维立体效果。

S

示意图（Schematic drawing）——一种展示服装前后视图的技术图纸，显示了所有的设计特点、风格线条和细节，通常还包括所有尺寸的测量值。

无缝针织（Seamless knitting）——整个

服装的生产采用三维立体造型技术，成品很少或者几乎没有裁剪和缝纫，节省了时间、人力和纱线成本。由于其造型光滑、平展合身和无缝舒适的因素而投入市场，尤其适合内衣、体育运动和比赛用服装。

二手调研（Secondary research）——调研来自于书籍、期刊、杂志和互联网的信息，辅助一手调研。

扎染（Shibori）——日本工艺术语，当面料染色时，通过捆绑、缝合、折叠和扭曲织物来创造图案。

短排编织（Short-row knitting）——见部分编织。

廓型（Sihouette）——一件服装的外部线条，例如：梯型、沙漏型、钟型和箱型。

粗节（Slub）——不均匀纺纱形成的粗节，它比整个纱线要粗，很少或者几乎没有捻度。

多色纱线（Space-dyed yarn）——纱线被分段染成不同的颜色，在一根纱线上产生多色的效果。

规格图纸（Specification drawing）——标明缝线和服装细节的清晰图纸，包括各个测量点的测量值。

短纤维（Staple fibre）——许多纱线都是由短纤维构成的，它们通常来源于天然源，可以通过加捻形成纱线。

造型线（Style line）——服装上形成造型和轮廓的线条。

T

技术平面图（Technical flats）——展示服装前后片设计和设计细节的示意图。

高科技纱（Techno yarn）——创新型高科技纱线。

密度（Tension）——编织一个既定造型或服装之前，计算出的每厘米需要编织的针数和行数，也叫针号。

密度样片（Tention square）——编织好的针织样片，从中可以算出精确的密度值，决定每2.5cm编织的针数和行数。在针织服装设计时，通过它计算出起多少针，编织多少行，哪里加减针等。

样衣（Toile）——通常由纯棉棉布或者全棉单面布制成的原形或样品服装，是为了更合体和更具造型感对服装造型的探索与攻克；它可以用来在人体或者人台上分析最终的设计比例。

流行趋势书籍（Trend books）——预测公司出版发行的时尚和针织业最新的发展趋势书籍，通过介绍最新的纤维、纺织品、纱线、面料和辅料，推出最新的主题和色彩故事。

趋势预测（Trend forcasting）——提前于市场18～24个月，研究和预测国际季节流行趋势。它适用于各行各业，包括时装业、纺织品行业、室内装饰、化妆品业和生产行业，为主题故事导向、前瞻性的色彩方案、细节、面料、印花、纱线、辅料指南和平面设计理念提供指南。

管状编织（Tube knitting）——用手工或者机器编织成长而窄的管状造型，又称作法式或者圆筒针织。

集圈组织（Tuck stitch）——机针上漏针不予织造，纱线然后将其圈起，形成集圈，增加面料的层次感。

U

升级再造（Upcycling）——为废物和无用的物品寻找新的用途并将它们转化为更佳质量和更优价值的新产品的过程。

W

经纱（Wale）——纵向线圈，与纬纱相对。

经编织物（Warp knitting）——呈"之"字形的垂直方向连接的线圈，使面料更加牢固，不脱散。

纬编织物（Weft knitting）——连续的链式针法线圈结构，可以用一根连续的纱线横向织造形成织物。

贴边（Welt）——缝入或后期置于针织服装上的一个镶边。

Y

纱支（Yarn count）——一种定义纱线粗细度的数值，表示纱线长度与重量之间的关系。